»Davon glaube ich kein Wort«

Ernst Peter Fischer

»Davon glaube ich kein Wort«

Anekdoten und Geschichten aus der Welt der Wissenschaft

Für
Liebe Jessica,
denen ich jedes
Wort glaube!
Ernst Peter
15.02.2020

Reclam

2019 Philipp Reclam jun. Verlag GmbH,
Siemensstraße 32, 71254 Ditzingen
Umschlaggestaltung: zero-media.net
Umschlagabbildung: FinePic®
Druck und buchbinderische Verarbeitung:
CPI books GmbH, Birkstraße 10, 25917 Leck
Printed in Germany 2019
RECLAM ist eine eingetragene Marke
der Philipp Reclam jun. GmbH & Co. KG, Stuttgart
ISBN 978-3-15-011211-3

Auch als E-Book erhältlich

www.reclam.de

MIX
Papier aus verantwortungsvollen Quellen
FSC www.fsc.org
FSC® C083411

Inhalt

Vorweg: Klatsch und Tratsch mit Menschlichkeit

Wissenschaftler sind auch nur Menschen – und das zeigt sich vor allem daran, dass sie dann und wann auf die Toilette müssen. Als ich einmal die Toilette im Haus des in Kalifornien lebenden Genetikers und Nobelpreisträgers Max Delbrück aufsuchte, fand ich dort neben dem üblichen Inventar eine vierzigbändige Ausgabe der *Gesammelten Werke* von Goethe aus dem 19. Jahrhundert. Von den Büchern lag ein Exemplar auf einem Brettchen aufgeschlagen vor mir, dem sitzenden Besucher, so dass ich nicht umhinkam, in der geschäftigen Abgeschiedenheit darin zu lesen – vor allem, da ich Deutsch konnte. Als ich den Band anhob, fiel mein Blick auf einen darunter befestigten Zettel, auf den Delbrück geschrieben hatte: »Sometimes I sit here and think. And sometimes I sit here when it stinks.« Bei meiner Rückkehr ins Wohnzimmer durfte ich dann in das grinsende Gesicht meines sich diebisch freuenden Gastgebers blicken – und die für dieses Buch so entscheidende Erkenntnis erlangen: Wissenschaftler besitzen ihren eigenen, skurrilen Humor.

Die Naturwissenschaft ist voll von solchen Anekdoten, und in diesem Buch finden sie zusammen, (möglichst) witzige Episoden aus dem Leben von pfiffigen Physikern, schlagfertigen Biologen und anderen manchmal mehr, manchmal weniger bekannten Forschern. Mit ihrer Hilfe hofft der Erzähler, das von vielen emsigen und neugierigen Wissenschaftlerinnen und Wissenschaftlern in Angriff genommene große geistige Abenteuer der Menschheit zu einem attraktiven Stoff für fröhliche Gespräche zu machen – allen Schwierigkeiten zum Trotz. Schwierigkeiten zum einen für den gesunden Menschenverstand, der sich zum Beispiel mit Milliarden Sonnenmassen in einem schwarzen Loch nicht zurechtfindet, zum anderen bei den ethischen Entscheidungen über die Tragweite der Wissenschaft in einem zunehmend komplexer werdenden Umfeld mit wachsenden Bedürfnissen. Noch immer stehen selbst Journalisten und andere kluge Leute im öffentlichen Leben und in den Medien fassungslos vor vielen Ergebnissen und Entwicklungen, Potenzialen und Problemen der Naturwissenschaften – Stichworte geben die Gentechnik, die Energiewenden, die Quantensprünge und die Digitalisierung –, die ihnen trotz aller Aktualität und Brisanz äußerlich und damit eigentlich unverstanden bleiben. Vielleicht liefern Anekdoten der hier erzählten Art den Anschluss Suchenden einen kaum noch erhofften Zugang zu dem Terrain, auf dem sich aller Fremdheit zum Trotz möglichst viele Menschen auskennen sollten. Denn hier wird die Zukunft vorbereitet – auch wenn das im sozialen und historischen Umfeld häufig zu spät bemerkt wird.

Natürlich klingt der Satz »Was alle angeht, können nur alle lösen« aus den *Physikern* von Friedrich Dürrenmatt gut und zustimmungsfähig. Doch diese vernünftige Vorgabe funktioniert nur, wenn die Gemeinten, also »alle«, etwas von dem verstehen, mit dessen Hilfe es überhaupt Lösungen geben kann, also von der Wissenschaft. Zu verstehen, was Sache ist, scheint dabei ganz allgemein bei den Dingen von Vorteil zu sein, die jeden etwas angehen. Die technischen Entwicklungen, die durch Forschungen möglich werden, gehören seit vielen hundert Jahren dazu – auch wenn in den meisten Geschichtsbüchern nicht viel darüber zu finden ist. Auch Sozialwissenschaftler sind immer noch der Ansicht, man brauche einen Reaktorkern weder von einem Atomkern noch von einem Zellkern zu unterscheiden, wenn man politisch gewichtig und lautstark mitreden will. Eine Ansicht, die gerade dann vertreten wird, wenn man merkt, dass man trotz dieses Mankos ungebrochen Gehör findet, weil ja alle im gleichen Boot der Verständnislosigkeit sitzen.

Dieses Buch bietet die Möglichkeit, sich dank der Hilfe von Anekdoten mit der treibenden Kraft der Wissenschaft zu befreunden. Anekdoten gibt es seit den späten Tagen der Antike, und der Anfangsbuchstabe A drückt vor allem aus, was die jeweils präsentierte Begebenheit nicht will, nämlich so etwas wie ein systematisches Gedankengebäude errichten. So wie ein Atom unteilbar ist, kann die Anekdote unteilbar in dem Sinne sein, dass zwar das große Ganze stimmt, aber nicht unbedingt alle Kleinigkeiten zutreffen. Anekdoten treten wie Atome vor einem realen Hintergrund auf, ohne völlig in ihm aufzugehen. Es geht weniger um höchste Korrektheit als um *Wahre Geschichten, erlogen von Loriot*, wie eines der Lieblingsbücher aus den Teenagertagen des Autors heißt. Und es geht um *Klatsch und Tratsch*, nicht nur, wie ihn alle Menschen gerne hören und verbreiten, sondern auch im Sinne des gleichnamigen Buches des Evolutionsbiologen Robin Dunbar. Dieser macht sich Gedanken über den phylogenetischen Ursprung der menschlichen Sprache und verweist auf den sozialen Kitt, der zustande kommt durch das emsige Tuscheln von Ohr zu Ohr, das viele Menschen voller Vergnügen hinter vorgehaltener Hand betreiben. Wer mit Freunden und Kollegen in entspannter Runde die eine oder andere Klatschgeschichte austauscht, wird wissen, was gemeint ist. Und schon vor mehr als tausend Jahren enthielten die ersten spätantiken *Anekdota* genau das, was nach wie vor beliebt ist und einigen bunt illustrierten Zeitschriften bis heute als Existenzgrundlage dient: Klatsch. Damals über einen Kaiser und seinen Hofstaat, heute über Präsidenten, aber auch über

Film-, Pop- und Sportstars und manche B-Prominente, die sich um die Aufmerksamkeit der Berichterstatter bemühen und dafür zu manch absonderlichen Mitteln greifen.

Als der Historiker Prokopios von Caesarea im 6. Jahrhundert nach Christus die ersten *Anekdota* verfasste, wollte er seinen Herrscher Justinian I. kritisieren und der Lächerlichkeit preisgeben, was sowohl kurzfristig gelungen ist als auch eine langfristige Nebenwirkung mit sich gebracht hat: Mit den von ihm geschaffenen Anekdoten entwickelte sich nämlich ein literarisches Genre, an dem sich Poeten immer wieder versucht haben, auch wenn viele Geschichten nur auf der klanglichen Ebene geblieben sind und sich in mündlicher Form tradiert finden, ohne als Text vorzuliegen.

Anekdoten bieten Menschen die Gelegenheit, ihrer natürlichen Neigung zu Klatsch und Tratsch nachzugehen. Und dabei müssen sie sich nicht nur auf Personen einlassen, die von ihnen als Künstler, Philosophen oder Politiker bewundert werden. (Wer wüsste sich nicht an das zu erinnern, was der weise Diogenes seinem großen Herrscher Alexander geantwortet hat, als der griechische König den Mann in der Tonne fragte, was er für ihn tun könne, nämlich »Geh' mir aus der Sonne!«) Wenn sie auch historische Figuren mit in ihre Gespräche einbeziehen, denen sie die Kultur der Naturwissenschaften verdanken, kann die Welt, in der sie leben, nur besser werden. Es stimmt einfach: »Wissenschaft wird von Menschen gemacht«, und Anekdoten können helfen, neugierig auf sie zu werden, auf die Menschen ebenso wie auf deren Wissenschaft.

»Davon glaube ich kein Wort«

»Davon glaube ich kein Wort!« – »I don't believe a word of it!« Mit diesen oftmals knurrig und kopfschüttelnd ausgesprochenen Worten reagierte der 1906 in Berlin geborene und 1969 in Stockholm mit Nobelpreisehren ausgestattete Max Delbrück[1] auf Wissenschaftler, die ihm hocherfreut von einem ihrer Ansicht nach wichtigen Versuchsergebnis berichteten – und auf seine lobende Anerkennung hofften. Aber Delbrück, der 1937 von Berlin nach Pasadena bei Los Angeles gegangen war, um am dortigen California Institute of Technology (Caltech) das Atom der Biologen zu finden, schüttelte in vielen Fällen nur unnachgiebig den Kopf. Dann verzog der in den Nachkriegsjahren von der Forschergemeinde als Wegbereiter der Molekularbiologie gefeierte Intellektuelle seinen Mund, was seinem Gesicht fast ein entsetztes Aussehen verlieh, und wiederholte unbekümmert sein harsches Verdikt, um den verdutzten Kollegen mit den besten Wünschen im Gang stehen zu lassen.

Natürlich sprach sich auf den Fluren der Universitäten und bei Gesprächen auf Konferenzen herum, wie

1 Die im Text angesprochenen Wissenschaftler werden am Ende des Buches vorgestellt (Seite 231).

rücksichtslos und grob Delbrück seine oft allzu raschen Urteile fällte. Erwähnt sei hier der Fall, in dem ein Genetiker ihm voller Stolz und mit einem strahlenden Lächeln berichtete, wie er ein einzelnes Gen in Fliegen gefunden habe, das den ungefähr auf vierundzwanzig Stunden angelegten (und deshalb circadian genannten) Biorhythmus der Insekten beeinflusste oder vielleicht sogar bestimmte; oder jener Fall, in dem ein befreundeter Astronom Delbrück am Caltech ganz aufgeregt davon erzählte, dass es weniger sichtbare und mehr unsichtbare Materie (Dunkelmaterie) im Kosmos gäbe. Zudem beklagte man die große Mühe, die man hatte, Delbrücks Aufmerksamkeit erneut auf das angesprochene Thema zu lenken. Aber nach und nach merkten vor allem die Molekularbiologen, dass Delbrück das ihm mitgeteilte Ergebnis mit seiner schroffen Art eigentlich aufwertete und seine Gesprächspartner vor allem dazu herausfordern wollte, tunlichst Gewissheit über das Berichtete zu erlangen. So kam es dann auch, dass er in den meisten Fällen seiner demonstrativen und unhöflichen Ungläubigkeit schlicht danebenlag – natürlich sowohl in dem erwähnten Beispiel mit dem Fliegengen als auch bei der Existenz von Dunkelmaterie. Und so drehten seine Kollegen eines Tages mit diebischer Freude den Spieß gemeinsam um und verabredeten nach einem Vorschlag des Molekularbiologen Sydney Brenner Folgendes: Wenn Delbrück auf eine wissenschaftliche Mitteilung seine berüchtigte Replik »Davon glaube ich kein Wort!« von sich geben würde, sollte man nicht verzagen, sondern sich – im Gegenteil! – freuen, denn mit Delbrücks Abweisung wachse die Wahrscheinlichkeit, dass man zum einen recht habe und zum anderen etwas von Relevanz vorweisen könne. Unangenehmer sei es, wenn Delbrück gar nicht reagiere und einfach gelangweilt weiterginge. Dann habe man bei seinen Forschungsarbeiten etwas gefunden, das entweder wenig weiterführend sei oder niemand glauben könne und wahrscheinlich besser auf dem Müllhaufen der vergeblichen wissenschaftlichen Bemühungen landen sollte.

Übrigens – der vor kurzem im hohen Alter verstorbene Sydney Brenner hat sich noch als 90-Jähriger Gedanken über die genetische Wissenschaft und das geheimnisvolle Leben gemacht, die sie erkundet. Dieser große alte Mann der modernen Biologie hat stets darauf hingewiesen, dass sich zum einen die meisten Ideen von Wissenschaftlern irgendwann als falsch oder überholt erweisen – als Brenner studierte, traute zum Beispiel noch niemand der DNA zu, den Stoff zu bilden, aus dem die Gene sind, und die Biochemiker favorisierten völlig andere Moleküle –, und dass zum anderen ein einzelner Gedanke, selbst wenn er noch so gut zu sein scheint, nicht die ganze Welt erklären, sondern bestenfalls bloß ein Stück von ihr erfassen könne. Brenner schlug deshalb Freunden und Kollegen vor, im Haus der Wissenschaft immer mit einem Besen in der Hand umherzulaufen. Mit ihm könne man erst alles unter den Teppich kehren, was entweder nicht stimmte oder was nicht verstanden worden war, um danach zu schauen, ob man auf dem strapazierten Teppich überhaupt noch aufrecht stehen und sich weiter umschauen konnte. Wenn ja, sollte man andere einladen, sich neben einen zu stellen, um das hübsche und erfreuliche Kehrergebnis zu feiern. Mir scheint, Brenners Besen sollte unentwegt und schwungvoll durch den Tempel des Wissens fegen und an vielen Stellen gehörig Staub aufwirbeln.

Der Reflex der Kniesehne

Noch einmal zurück zu Delbrücks beliebtem Satz »I don't believe a word of it!« Im *Oxford Book of Scientific Anecdotes* mit dem Titel *Eurekas and Euphorias*, das der in London tätige Zellbiologe Walter Gratzer herausgegeben hat, ist zu erfahren, dass Delbrücks Ausspruch einen konkreten historischen Vorläufer hat.

Das damit gemeinte ungläubige Staunen findet sich nämlich in genau diesen Worten bereits in den 1938 erschienenen Erinnerungen des in den USA geborenen, aber in England lebenden Schriftstellers Logan Pearsall Smith. In seinen *Unforgotten Years* erzählt Smith unter anderem von Benjamin Jowett, der als Professor für antike Sprachen in Oxford unterrichtete und zeit seines Lebens mehr von alten Traditionen als von neuen Forschungsergebnissen hielt, auch wenn diese aus dem 19. Jahrhundert stammten. Als er zum ersten Mal von der 1875 in Deutschland gemachten Entdeckung des Kniesehnenreflexes hörte, bei dem ein leichter Schlag auf die Patellarsehne unterhalb des Knies zu einer Streckung des Kniegelenks führt, was den Unterschenkel in die Höhe hüpfen lässt, schüttelte der Sprachgelehrte sein weises Haupt und rief aus: »I don't believe a word of it!« Er glaubte einfach nicht, dass ein Nervensystem derart vorhersagbar funktionierte und mit ein wenig Schwung von außen derart wirkungsvoll angestoßen werden konnte. Allerdings stellte sich der zweifelnde Gräzist nicht lange stur. Er forderte vielmehr den Überbringer der ihm komisch erscheinenden Nachricht auf, ihm einen entsprechenden Schlag auf die Kniesehne zu versetzen – und staunte dann dermaßen über sein in die Höhe schnellendes Bein, dass er seine Einstellung der naturwissenschaftlichen Forschung gegenüber grundsätzlich änderte. Von nun an wartete er neugierig auf weitere neurologische Ergebnisse und motorische Reflexe. Nicht nur der Geist, auch der ihn beherbergende Körper kamen dem gelehrten Humanisten jetzt wunderbar vor, ohne dessen zumindest muskuläre und andere materielle Hilfe bekanntlich niemand sprechen kann, und wahrscheinlich am allerwenigsten das klassische Griechisch, auch wenn dessen Klang dem Geist noch so sehr behagt.

Ein persönliches Intermezzo

Ganz zuletzt soll dieses erste Kapitel mit persönlich erlebten Anekdoten und dem dazugehörenden Hinweis schließen, dass der Autor in den 1970er-Jahren der letzte Doktorand von Delbrück am Caltech in Pasadena war und dessen Davon-glaube-ich-kein-Wort-Skepsis am eigenen Leib erfahren durfte.[2] Es ereignete sich, als ich ihm von meiner Beobachtung erzählte, dass der kleine Pilz, mit dem in Delbrücks Laboratorium gearbeitet wurde, seine Stängelchen beim Wachsen dem Experimentator entgegenkrümmte, wenn man diese als »Sporangiophoren« bezeichneten

2 Mehr Geschichten dazu findet man in meiner Delbrück-Biographie *Licht und Leben*, die es auch als Taschenbuch mit dem Titel *Das Atom der Biologen* gibt.

Strukturen nur vorsichtig genug anpustete und keinen Sturm dabei entfachte. Delbrück konnte nicht glauben, dass das primitiv wirkende winzige Lebewesen derart windsensitiv war und so empfindsam reagierte, doch das geschilderte – und sich bald als reproduzierbar erweisende, also als real erhärtende und dann auch untersuchenswerte – Phänomen ließ ihn nicht los, weshalb er seinen Studenten spontan abends zum Dinner einlud. Zwar konnte man beim Essen im familiären Kreis selbst nicht viel über die Wissenschaft reden – außer zu verabreden, dem Windphänomen weiter auf den Fersen zu bleiben, wie es dann auch geschehen ist –, aber im Haushalt der Delbrücks gab es keinen Geschirrspüler, weil der Hausherr es liebte, mit seinen Gästen beim Abwasch zu plaudern. Und während man die Teller säuberte und abwischte, versuchte Delbrück zugleich sie trockenzublasen, um vielleicht so das Geheimnis des Windes zu erfassen.

Er freute sich auf jeden Fall über die neue Fragestellung, die ihn am nächsten Morgen fröhlich forschen ließ. Beim gemeinsamen Spülen konnte man nach dem kulinarischen Genuss ganz entspannt manchem geistigen Vergnügen nachgehen, erst trickreiche Experimente entwerfen und später eher weinselig verrückte Gedanken vortragen. Und manch einer beanspruchte auch noch am nächsten Tag seine Gültigkeit, wenn man sich wieder im Laboratorium herumtrieb und weiter an seinen Untersuchungsobjekten forschte. Falls einem dabei erneut eine komische Beobachtung gelang, konnte man schnurstracks zu Delbrück laufen, der oftmals in seinem Büro zu finden war. Auf dessen Tür stand in großen Buchstaben: »Enter without knocking«, und darunter etwas kleiner: »If you can«. »Herein ohne anzuklopfen«, könnte man vielleicht auf Deutsch sagen, wobei die sich anschließende Mahnung »Falls Du es schaffst« mehr zur Ermutigung gedacht war und sich der Tatsache verdankte, dass die Tür erstens ziemlich schwer war und zweitens oftmals klemmte. Aber wer sie öffnen wollte und kräftig zupackte, konnte einfach in das Zimmer hineingehen und seine Botschaft loswerden. Allerdings erst, nachdem er in dem dort wartenden knallgelben Sessel Platz genommen hatte, der einen merkwürdig tief einsinken ließ. Von oben in aufrechter Haltung lächelte Delbrück den jetzt von weit unten aufblickenden Delinquenten an, der in dieser Situation allen Mut brauchte, um seinen Bericht abzuliefern – und nicht überrascht sein durfte, wenn er zuletzt Delbrücks liebsten Satz zu hören bekam: »Davon glaube ich kein Wort!«

Zwar hätte man manchmal gern ein direktes Lob von Delbrück gehört, doch meistens trieb er seine Studenten mit unangenehmen Bemerkungen an, was ihnen allerdings letztlich nur Vorteile bringen und retrospektiv auch gefallen konnte. Sein Urteil konnte aber auch unangenehm hart werden, nämlich dann, wenn er es am Ende eines Seminarvortrags äußerte, der ihm kein Vergnügen bereitet hatte. Meist fügte er in einem solchen Fall ganz zuletzt hinzu: »Das war der schlechteste Vortrag, den ich je gehört habe.« Doch einige Freunde meinten auch dann noch, dass er dies vor allem sagte, um den Kritisierten beim nächsten Mal zu besseren Leistungen zu motivieren – denn wenn der Vortrag wirklich schlecht gewesen wäre, hätte Delbrück den Saal vor seinem Ende verlassen, und zwar so, dass jeder es sehen konnte.

Übrigens – Delbrück liebte es, wenn man versuchte, seine großen oder groben Witze zu toppen und sich zu wehren. Gelungen ist dies zum Beispiel dem Biophysiker George Feher aus San Diego, der eines Tages vom Caltech zu einem Vortrag eingeladen war. Feher bedankte sich und sagte, er käme nur, wenn er zwei Vorträge halten dürfe. Auf die erstaunte Rückfrage, warum er denn so etwas verlange, antwortete der Biophysiker, er wolle wenigstens einen Vortrag halten, von dem Delbrück nicht sagen könne, dass es der schlechteste Vortrag sei, den er je gehört habe. Der Ausgetrickste reagierte mit schallendem Lachen. Doch dabei sann er wahrscheinlich längst auf Rache.

Die Geißel Gottes

Ob Delbrück von den oben zitierten *Unvergesslichen Jahren* von Logan Pearsall Smith jemals gehört oder sie gar gelesen hat, ist nicht bekannt, aber das kritische Knurren mit seinen oftmals stimulierenden Folgen hat er wahrscheinlich von dem großen Physiker Wolfgang Pauli übernommen, der in den frühen 1930er-Jahren in Zürich tätig gewesen war.[3] Der spätere Biologe Delbrück konnte mit einem Stipendium der amerikanischen Rockefeller-Stiftung bei Pauli als Postdoc arbeiten, nachdem er in Göttingen seine Doktorarbeit auf dem Gebiet der Theoretischen Physik abgeschlossen hatte.

Seit den 1920er-Jahren erlebte diese Wissenschaft bei ihren Versuchen, die Atome zu verstehen, höchst dramatische Änderungen in ihrem Weltbild, und während die beteiligten Physiker mit wachsender Verzweiflung in den Instituten umherrannten und ohne ihre immer verrückter scheinenden Ideen nicht weiterkamen, trösteten sie sich mit einer poetischen Entschuldigung in Form von Hamlets Worten: »Ist es Wahnsinn, so hat es doch Methode.« Zu den Facetten

3 Paulis Leben habe ich in meinem Buch *An den Grenzen des Denkens* beschrieben; eine überarbeitete Version der Biographie liegt unter dem Titel *Brücken zum Kosmos* vor.

dieser irrsinnigen Methode gehörte es kurioserweise, einen theoretischen Vorschlag nicht deshalb abzulehnen, weil er ziemlich verrückt aussah, sondern deshalb, weil er nicht verrückt genug aussah. »It's not crazy enough«, lautete das Argument, mit dem viele Ideen einfach übergangen wurden – natürlich auf Englisch, da die Wissenschaft immer internationaler wurde. Wenn man Glück hatte, hieß es am Ende eines Vortrags, in dem neue Ideen präsentiert wurden: »Die Vorschläge klingen verschroben genug, an denen könnte tatsächlich etwas dran sein.«

Verrückt genug erschien den Physikern zum Beispiel Paulis Idee, den Elektronen in den Atomen die unanschaulich bleibende Möglichkeit einzuräumen, auf zwei Weisen zu existieren, die man »rauf« und »runter« nannte, »Spin up« oder »Spin down«. Diese Zweiteilung konnte sich zwar niemand zwingend als physikalische Eigenschaft vorstellen, sie bot mathematisch aber die Möglichkeit, die Teilchen in einem Molekül auf Distanz zu halten und den chemischen Gebilden ihre funktionierende und stabile Form zu geben. So vorzugehen, sah zwar tatsächlich nach Wahnsinn aus, bewährte sich aber durchweg als erfolgreiche Methode und ließ die Physiker in den 1920/30er-Jahren aus dem Staunen nicht mehr herauskommen.

Der im Jahre 1900 geborene Pauli, der 1945 den Nobelpreis für sein Fach bekommen sollte, konnte nicht nur ebenso viele verrückte Ideen aus dem Hut zaubern wie einige andere seines Fachs, er konnte auch gnadenlos erkennen, wann die rein mathematischen Spinner zu weit gegangen waren und vergessen hatten, dass sie keine Zahlenspielerei, sondern eine Naturwissenschaft betrieben. »Ich habe nicht immer als richtig erkannt, was sich später als richtig herausstellte«, hat Pauli einmal eingeräumt, »aber ich habe nie als richtig akzeptiert, was sich später als falsch erwies.«

Um den Zerfall von radioaktiven Atomen verstehen zu können, propagierte Pauli die Existenz eines nicht nur unbekannten, sondern zunächst auch unbegreiflichen Teilchens – es sollte mehr oder weniger ein Nichts sein, das sich dreht – und wettete eine Kiste Champagner darauf, dass die Physiker bis zum Ende seines Lebens niemals in der Lage wären, das konkrete Vorhandensein dieses Teilchens nachzuweisen. Doch als dieser kecke Pauli in einem Vortrag eines Kollegen den Vorschlag hörte, man könne doch den Energiesatz kurzzeitig außer Kraft setzen, wenn das helfe, die Atome theoretisch in den Griff zu bekommen, da stöhnte Pauli laut auf und meinte erzürnt: »Das ist nicht richtig. Das ist nicht einmal falsch.« Als der Vortragende ängstlich nachfragte: »Aber Herr Pauli, Sie glauben doch nicht, dass alles, was ich heute Nachmittag gesagt habe, Unsinn war?«, bekam er als niederschmetternde Antwort: »Nein, gar nicht, aber was Sie gesagt haben, war so konfus, dass man gar nicht sagen kann, ob es Unsinn war.« Und selbst, wer meinte, brillant gewesen zu sein, musste bei Pauli wachsam sein. So pflegte dieser gerne das Feuerwerk der Ideen zu loben, das ein Referent gerade präsentiert hatte, aber nur, um dann zu ergänzen, was es eben mit einem Feuerwerk auf sich habe: Bei seinem Abbrennen herrsche zwar mächtig Lärm, wie jeder wisse, aber zu sehen bekomme man dabei kaum etwas.

Lieber Albert!

Bei Seminaren saß Pauli stets in der ersten Reihe, und manchmal standen eine Spielzeugkanone oder eine Miniaturtrompete vor ihm. Er durfte sie bei jedem Fehler des Vortragenden betätigen und einen Böllerschuss oder ein anderes Signal abgeben, so dass er von seinen Freunden und Feinden nach und nach den Spitznamen »Geißel Gottes« bekam. Dies gefiel ihm, denn er unterschrieb bald viele seiner Briefe auf diese Weise. In einem Schreiben sollte er den Antrag eines Kollegen für ein Stipendium begutachten, was Pauli mit den für ihn erstaunlich freundlichen Worten tat: »Ich habe gegen ihn nichts einzuwenden.« Als er einmal von Albert Einstein persönlich gebeten wurde, einen Physiker einzuschätzen, der bei dem großen Mann

Kopenhagener Osterkonferenz 1930 mit Trompete; erste Reihe, 2. bis 5. von links: Niels Bohr, Werner Heisenberg, Wolfgang Pauli

arbeiten wollte, schrieb Pauli seinem Duzfreund: »Lieber Albert! Ich kann Dir den Herrn wohl empfehlen, denn er ist ein tüchtiger junger Mann. Er hat nur einen Fehler, nämlich den, dass er manchmal zwischen Mathematik und Physik nicht unterscheiden kann. Das sollte Dir aber nichts ausmachen, denn Du selbst bist ja auch schon fast an diesem Punkt angelangt.«

Da Pauli in der Schweiz wohnte, unterlag er nicht dem in Deutschland eingeführten politischen Zwang, Briefe an die Regierung oder amtliche Stellen – etwa zur Einwerbung von Finanzmitteln – mit »Heil Hitler« zu schließen. Als ihm ein Kollege aus Berlin verriet, wie schwer ihm dieser Nazi-Gruß und diese unterwürfige Geste falle und wie viel schöner doch ein »Mit den besten Grüßen« klinge, meinte Pauli, man könne ruhig und ohne schlechtes Gewissen der staatlichen Vorschrift folgen. Schließlich sei die offizielle Grußformel doch genauso verlogen wie die bürgerliche Floskel.

Paulis oftmals zynische Bemerkungen machten auch keinen Halt vor den ganz Großen der Wissenschaft. Dies kann man am Beispiel seines Freundes Werner Heisenberg sehen, der 1933 mit dem Nobelpreis für Physik ausgezeichnet worden war und sich Ende der 1950er-Jahre an einer Weltformel versuchte. Als Heisenberg in einem Rundfunkinterview behauptete, sie gefunden zu haben, schrieb Pauli dem mit ihm befreundeten russischen Physiker George Gamow einen Brief, in dem er unter einem leeren Rechteck in Paulis Handschrift notierte: »Das soll der Welt zeigen, dass ich wie Tizian malen kann. Es fehlen nur die technischen Details.«

Als Pauli dies schrieb, war in den Jahren zuvor auf raffiniertem experimentellem Wege das oben erwähnte sich drehende Nichts nachgewiesen und ihm klar geworden, dass er besagte Wette verloren hatte – und der Champagner wurde sogar bezahlt und getrunken –, aber der ganze Vorgang hatte sein Ansehen

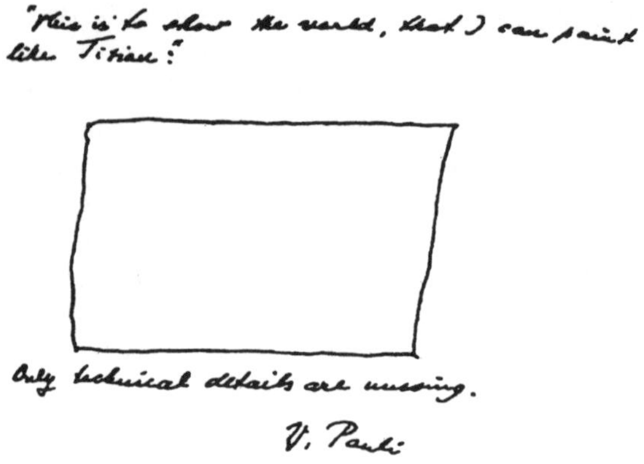

Paulis Zeichnung mit Handschrift

nur vergrößert, denn unter den Physikern konnte nur solch ein zweifelnder Teufel wie er überhaupt Wetten anbieten. Seine Kollegen kannten so etwas nur aus Goethes *Faust*, also dem Drama, in dem der Teufel gleich zwei Wetten anbietet: Eine erste dem Herrn im Himmel persönlich um die Seele des verzweifelten Faust auf Erden, und eine zweite dem Gelehrten selbst, dem er – erneut für seine Seele als Gegenleistung – einen höchsten Augenblick zu liefern verspricht. Wobei bis heute niemand weiß und die Philologen darüber streiten, wen Goethe die teuflischen Wetten am Ende des Dramas hat gewinnen lassen.

Faust in Kopenhagen

Im Jahre 1932 feierte die europäische Welt den 100. Todestag von Goethe. Als sich um Ostern die Physiker zu ihrer Frühjahrstagung in Kopenhagen trafen, führten sie am Ende der Konferenz ein Stück auf, das sie *Faust – Eine Historie* nannten und mit dem sie Goethes Drama parodierten. Zwar wird in der Fassung, die in dem Buch *Der Kopenhagener Geist in der Physik* zu finden ist, kein Autor der Faustparodie genannt, aber nach Auskünften von Carl Friedrich von Weizsäcker kann man Max Delbrück als den eigentlichen Urheber des im April 1932 aufgeführten Stücks betrachten. Delbrück selbst tritt darin als »Conferencier« auf, der dem Publikum zunächst die klassische Walpurgisnacht ankündigt, bei der allerdings keine Verbindung mit den Zuschauern (Beobachtern) zustande kommt – wie es sich in der klassischen Physik gehört –, weshalb auch nichts passiert. Faust schlägt nun vor, »die klassische Walpurgisnacht durch Wirkung des Publikums auf dieselbe zu entfernen« und »zur quantentheoretischen Walpurgisnacht überzugehen.« Dies wird akzeptiert, und das Spiel geht weiter. Es endet mit der »Apotheose des wahren Neutrons«, also des physikalischen Teilchens, das 1932 entdeckt worden war und die Kernphysik vor völlig neue Aufgaben stellte.

Die neue Physik mit den Quantensprüngen ist von so jungen Physikern entworfen worden – fast alle waren jünger als 30 Jahre –, dass manchmal von einer »Kinderphysik« die Rede war. Und so heißt es passend dazu am Ende der Faustparodie:

Gewiss! Das Alter ist ein kaltes Fieber,
Das jeden Physiker bedroht!
Hat einer dreißig Jahr vorüber,
So ist er schon so gut wie tot.

Am besten wär's, Euch zeitig totzuschlagen.
Der Pauli hat hier weiter nichts zu sagen.

Gott und der Teufel

In jedem Fall galt Pauli als Diabolus oder Mephisto seiner Wissenschaft, der zwar nicht mit den Menschen trickste, aber nur selten sofort glaubte oder akzeptierte, was man ihm sagte. Vermutlich hätte er sogar mit Gott selbst gestritten, wenn es zu einem Zusammentreffen der beiden gekommen wäre. Einer von den Witzen, die über Pauli im Umlauf waren, erzählt von seinem Eintreffen am Himmelstor – nach seinem Ableben –, bei dem der Herr ihn fragt, ob er einen Wunsch habe. »Natürlich«, antwortet Pauli, »ich möchte endlich den anomalen Zeeman-Effekt verstehen« (bei dem es um den Einfluss von Magnetfeldern auf das Licht geht, das Atome aussenden). Gott lässt rasch eine Tafel herbeibringen, notiert mit dicken Kreidestrichen einige Formeln, blickt dann zu Pauli und beginnt mit seinen Erläuterungen. Doch kaum hat der liebe Gott damit angefangen, wird er scharf unterbrochen. »Das geht so nicht«, kritisiert Pauli den hohen Herrn an der Tafel, »damit kommt man nicht weiter, das habe ich alles schon selbst so probiert. Das geht so nicht. Hör auf damit.«

Als im Jahre 1927 in Brüssel eine der damals legendären Solvay-Konferenzen abgehalten wurde, auf denen die Physiker seit 1911 die Fortschritte ihrer Disziplin erörterten, erhob Albert Einstein seinen weltbekannten Einwand gegen die neue Physik und ihre statistische Grundlegung mit seinem persönlichen Glaubensbekenntnis aus drei Wörtern, also mit dem berühmten und legendär gewordenen Satz: »Gott würfelt nicht!« Pauli meinte dazu, dass das, was Einstein da sage, eine Katastrophe sei, und fragte, ob er wirklich meine, Gott wisse, wie die Dinge und die ganze Welt in fünf Minuten aussähen? Außerdem sei es besser, die Frage, wie die Welt zu lenken sei, Gott selbst zu überlassen und ihm keine kleinlichen Vorschriften mit albernen Würfelspielen zu machen.

In der Folge erörterte der Brüsseler Kongress neben Fragen der Wissenschaft immer eingehender auch

Themen der Religion und die Rolle, die Gott für einen Wissenschaftler des 20. Jahrhunderts noch spielen könne, der nach einer Antwort auf die Frage strebt, »was die Welt im Innersten zusammenhält«. An diesen Gesprächen haben sich vor allem Werner Heisenberg und der etwa gleichaltrige und später ebenfalls mit dem Nobelpreis für Physik ausgezeichnete Engländer Paul Dirac beteiligt. Pauli hörte lange Zeit schweigend zu, wie auf der einen Seite Heisenberg redegewandt sein Verständnis für religiöse Bedürfnisse der Menschen und ihren Glauben an eine zentrale Ordnung darlegte, während Dirac auf der anderen aus seiner durchgängigen Abneigung gegen den kirchlichen Hokuspokus keinen Hehl machte. Als dieser ausführlich seinen von Karl Marx übernommenen Standpunkt »Religion ist Opium für das Volk« darlegte, ergriff Pauli plötzlich das Wort und sagte mit einem maliziösen Lächeln: »Jetzt verstehe ich, was Dirac sagt. Er verkündet uns: ›Es gibt keinen Gott, und ich bin sein Prophet.‹«

Übrigens – es gibt Berichte über Gespräche bzw. vielmehr Gesprächsversuche mit Dirac, in denen er vor allem zuhörte und nur ab und zu entweder »Ja« oder »Nein« sagte. Ein amerikanischer Student hat einmal folgenden Ausschnitt aus einem Interview wiedergegeben, das er mit dem seltsamen Briten geführt hat:

»Prof. Dirac, haben Sie etwas dagegen, wenn ich über Positronen arbeite?«
»Nein.«
»Wenn ich Probleme bekomme, kann ich dann direkt zu Ihnen kommen?«
»Ja.«
»Ihr ganzer Name lautet P. A. M. Dirac. Können Sie mir sagen, was die drei Buchstaben bedeuten?«
»Nein.«
»Gefällt es Ihnen in Florida?«
»Ja.«
»Gehen Sie gerne ins Kino?«
»Ja.«
»Lesen Sie Comics in den Zeitungen?«
»Ja.«
»Man hat gesagt, Sie seien der Einzige, der Einstein wirklich versteht. Stimmt das?«
»Nein.«
»Gibt es jemanden, dessen Arbeiten selbst Sie nicht verstehen?«
»Ja.«
»Und wer ist das?«

An dieser Stelle brach Dirac das Gespräch ab, wobei der Student seinem Bericht noch hinzufügte, dass Dirac eigentlich der Erfinder der digitalen Lebensweise sei: Bei ihm sei alles auf 1 und 0 oder Ja und Nein reduziert. Manchen Menschen kam es so vor, als ob Dirac die Öffentlichkeit um jeden Preis meiden wollte. Und tatsächlich, als ihm der Nobelpreis für Physik verliehen wurde, sagte er seinen Freunden, er würde die Ehrung ablehnen. Sie brächte zu viel Rummel und Aufmerksamkeit mit sich. Allerdings blieb Dirac nicht lange bei seinem Entschluss, und er änderte ihn, nachdem ihn Niels Bohr auf die Tatsache hingewiesen hatte, dass es gerade das Ablehnen des Nobelpreises sei, das ihn in den Mittelpunkt des öffentlichen Interesses stellen würde. Die Annahme ging dann auch ruhig vonstatten.

Der seltsamste Mensch

Das Umfeld Paul Diracs hat ihn also als merkwürdigen Mann erlebt. *The Strangest Man* – so heißt denn auch die Biographie, die der britische Wissenschaftshistoriker Graham Farmelo über ihn geschrieben hat, wobei der Titel sich der Charakterisierung Diracs durch seine Kollegen verdankt. Er agierte tatsächlich seltsam, schwieg die meiste Zeit und gab nur ab und zu eigenartige Kommentare von sich. Nach der Lektüre des Romans *Schuld und Sühne* von Fjodor Dostojewski etwa wunderte sich Dirac zum Beispiel vor allem darüber, dass der Autor an einem Tag die Sonne zweimal aufgehen ließ; und als bei einer Ausstellung, in der Bilder französischer Impressionisten gezeigt wurden, ein ihn begleitender Physiker meinte, dass es ihm vorkäme, als ob manche Boote noch nicht fertig gemalt seien, winkte Dirac ab und meinte: »Mir gefällt das, der Grad an Ungenauigkeit ist auf diese Weise an jeder Stelle gleich.« Einmal hatte sich Dirac etwas ausführlicher zu der möglichen Unterscheidung von Wissenschaft und Poesie geäußert und gesagt: »In der Wissenschaft möchte man etwas sagen, das noch niemand weiß, und man setzt dazu Worte ein, die jeder versteht. In der Poesie geht man umgekehrt vor. Man sagt Dinge, die jeder weiß, und benutzt eine Sprache, die niemand versteht.«

Eine Geschichte hat der große Schweiger erstaunlicherweise gerne anderen erzählt. Es gibt sogar einige Leute, die ihm mehrfach dabei zuhören und sich über sein begleitendes Schmunzeln freuen durften. Was Dirac offenbar in höchstem Grade witzig fand und was ihn, der die Präzision beim sprachlichen Ausdruck höher als alles schätzte, amüsierte, klingt nacherzählt so: In einem kleinen Dorf (in England) wurde ein neuer Priester eingesetzt, der sich bald seinen Gemeindemitgliedern vorstellte und sie der Reihe nach besuchte. In einer bescheidenen Unterkunft trifft er neben der Dame des Hauses auch eine Menge Kinder an, die durch die Gegend toben. Er erkundigt sich:

»Wie viele Kinder haben Sie denn, liebe Frau?«, und erfährt, dass es insgesamt zehn Jungen und Mädchen gebe, und zwar jeweils Zwillinge. »Fünf Zwillingspärchen?«, wundert sich der Priester. »Haben Sie tatsächlich immer Zwillinge bekommen?« »Nein«, bekommt er als Antwort, »manchmal haben mein Mann und ich auch nichts bekommen.«

Und noch ein letztes Bonmot zu Dirac. In den frühen 1950er-Jahren, in den Zeiten des Kalten Krieges, gingen vielen Leuten die beleidigende Sprache und die vielen Schimpfwörter auf die Nerven, die unter anderem amerikanische und britische Medien den Russen und anderen Ostblockländern gegenüber einsetzten. Dirac beruhigte seine Kollegen damit, dass das bald ein Ende nehmen würde. Auf die Frage, woher er das wissen könne, antwortete er: »So viele Schmähungen kennt die englische Sprache nicht, und bei den fortgesetzten Beleidigungen müssen bald alle aufgebraucht sein.«

Der Pauli-Effekt auf der Nachtseite

Zurück zu Pauli. Er agierte als Nachtmensch, was bedeutete, dass er kaum vor dem Mittag aus dem Bett kam, nachdem er am Abend zuvor lange in einer Bar gesessen hatte und dort seinen theoretischen Überlegungen nachgegangen war. Wenn er dann morgens, oder besser gesagt, mittags im Institut erschien, konnte es vorkommen, dass er die bereits tätigen und rechnenden Kollegen mit den Worten begrüßte: »Guten Morgen, ihr Natur-Apostel. Ihr habt sicher nach den Prinzipien eures Schutzheiligen Rousseau gelebt, der doch so schön gesagt hat: ›Zurück zur Natur. Auf die Bäume, ihr Affen‹«, was natürlich nicht stimmte und ihn auch nicht unbedingt sympathisch machte.

Paulis Nachtaktivität brachte zudem mit sich, dass er zahlreiche Träume zu den Themen seiner Wissenschaft hatte, deren Inhalt er reiflich und ausführlich bedachte. Mit ihrer Hilfe versuchte er, so etwas wie einen archaischen Hintergrund der Physik zu erkennen und zu erfassen, die er tagsüber so erfolgreich betrieb. In den Träumen offenbarten sich für Pauli auch ungewöhnliche Zusammenhänge zwischen der psychischen und der physischen Welt, die er selbst ungewöhnlich ernst nahm und die seine Freunde und Kollegen als »Pauli-Effekt« eher fürchteten oder beargwöhnten, vor allem, wenn sie tatsächlich eintraten. Pauli selbst hat erzählt, wie er an einem Sommerabend in einem Straßencafé über seinen charakterlichen Mangel an Mitgefühl für andere Menschen grübelte, als plötzlich ein vor ihm parkendes Auto Feuer fing. Das Ganze passierte in Zürich, also in der Stadt, in der auch der Psychologe C. G. Jung residierte, den

Pauli wegen einer Neurose um Rat gefragt hatte. In der Typologie der Lehre Jungs wird das Gefühl mit der Farbe Rot gekennzeichnet, und auf diese wenig physikalische Weise verstanden Pauli und Jung zu ihrer Zufriedenheit, warum das Auto vor dem grübelnden Theoretiker in Flammen aufgegangen war.

Physiker, die experimentell und mit raffinierten Geräten arbeiteten, verboten Pauli, sich in der Nähe ihrer Apparaturen aufzuhalten, wenn sie mit Messungen befasst waren. Sie befürchteten einen negativen Einfluss seiner Psyche auf die Maschinen. Tatsächlich konnte man sich das Versagen einer komplizierten Messanordnung in einem Laboratorium in Göttingen nur dadurch erklären, dass sich die damit verbundene Explosion genau in dem Moment ereignet hatte, als sich Pauli auf dem Weg von Zürich nach Kopenhagen zum Umsteigen für wenige Minuten auf dem Göttinger Bahnhof aufgehalten hatte.

Der Name »Pauli-Effekt« wurde von dem bereits erwähnten Georg Gamow bei einem Seminar in Zürich geprägt, als der Physiker Walter Heitler eine (verrückte) Theorie vorstellte, mit der er die chemische Bindung zwischen Atomen erklären wollte. Nachdem Heitler geendet und auf seinem Stuhl Platz genommen hatte, erhob sich ein verärgerter Pauli. »Das ist lächerlich«, sagte er, »die Theorie stimmt sicher nicht für große und erst recht nicht für kleine Abstände zwischen den Atomen. Und nun gibt es eine an den guten Glauben der Physiker appellierende Aussage, die behauptet, dass diese Näherung, die falsch ist im Großen und falsch ist im Kleinen, trotzdem in einem Zwischengebiet qualitativ richtig sein soll.« Während Pauli dies sagte, war er erst langsam in Heitlers Richtung gegangen, um dann vor dem Physiker stehen zu bleiben und seinen Blick auf ihn zu richten – und genau in diesem Moment krachte Heitlers Stuhl zusammen. Der Pauli-Effekt war geboren. (Die damals aufkommenden Gerüchte, Gamow habe vorher an den Stuhlbeinen gesägt, um diesen Gag zu erzielen, wurden von dem Russen stets vehement und glaubwürdig bestritten.)

Seine Fähigkeit, als Zuhörer bei einem Vortrag unerbittlich auf Schwächen oder Fehler aufmerksam zu werden, hatte Pauli schon als Knabe unter Beweis gestellt. Im Alter von zwölf Jahren hatte ihn sein Pate Ernst Mach, der berühmte Physiker aus Wien, einmal mit in eine Vorlesung des noch berühmteren Arnold Sommerfeld an der Universität in München genommen. Als Sommerfeld im Anschluss an seine Ausführungen den Knaben jovial fragte, ob er denn alles verstanden habe, antwortete der junge Pauli: »Ja, nur das nicht, was da oben links auf der Tafel steht.« Sommerfeld schaute nach und musste dann zu seiner Verblüffung feststellen: »Dort habe ich tatsächlich einen Fehler gemacht.«

Antimetaphysik

Noch ein Wort zu Ernst Mach, der an der Universität Wien eine Professur für »Philosophie, insbesondere Geschichte und Theorie der induktiven Wissenschaften« innehatte und ein Freund von Paulis Vater war. Wolfgang Josef Paulis jüdische Wurzeln reichten bis nach Prag zurück, wo er geboren worden war und gelebt hatte, bevor er mit seiner Frau nach Wien gezogen war. Hier sollte sein Sohn, der kleine Wolfi, katholisch getauft werden, und Mach erklärte sich auf Bitten von Paulis Vater bereit, die Rolle des Taufpaten zu übernehmen. Allerdings dachte Mach weniger katholisch und mehr »antimetaphysisch«, wie Pauli später in einem Brief an den Psychologen C. G. Jung schrieb, und zwar deshalb, weil Mach die Metaphysik als Ursache alles Bösen auf Erden meinte ausgemacht zu haben und in ihr den Teufel (Zweifel) selbst am Werk sah. Da bei der Taufe Mach neben dem katholischen Geistlichen die viel stärkere Persönlichkeit darstellte, meinte Pauli immer, nicht von christlicher, sondern »von antimetaphysischer Herkunft« zu sein. Dabei imponierte ihm, wie unerschrocken Mach es bereits vor dem wissenschaftlichen Erscheinen Einsteins und seiner Relativitätstheorie gewagt hatte, die Idee des absoluten Raums zu kritisieren, die von Isaac Newton verkündet worden war.

Als Pauli dem Psychologen C. G. Jung mehr von diesen Problemen schreiben wollte, fiel dem Physiker auf, wie gering der Bezug des großen Analytikers zur Physik war. Um seinem Briefpartner gegenüber aber trotzdem Machs eigentümliche Qualitäten und Ansichten preisen zu können, führte Pauli in seinem Schreiben folgende Anekdote an, in der Hoffnung, sie möge C. G. Jung »besonderes Vergnügen« bereiten: »Mach, gar nicht prüde und sehr interessiert an allen geistigen Richtungen seiner Zeit, gab einmal auch über die Psychoanalyse Freuds und seiner Schule ein Urteil ab. Er sagte: ›Diese Leute wollen die Vagina als Fernrohr benutzen, um die Welt durch sie zu betrachten. Das ist aber nicht ihre natürliche Funktion, dazu ist sie zu eng.‹ Dies wurde eine Zeit lang ein geflügeltes Wort an der Wiener Universität.« Und Pauli ergänzte: »Es ist sehr charakteristisch für Machs instrumentelles Denken. Die Psychoanalyse weckt in ihm sogleich das lebhaft konkrete Bild des unrichtig angewandten Instruments, nämlich jenes weiblichen Organs vor dem Auge, wo es nicht hingehört.«

Zurück zur Physik, zu Pauli und zu Sommerfeld. Pauli hat den großen Lehrer in späteren Jahren verehrt und ihn stets mit »Herr Geheimrat« angesprochen, weil Sommerfeld das so gefiel. Er war eben ein Geheimrat im alten Stil des 19. Jahrhunderts, was sich zum Beispiel an der Art zeigte, wie er begrüßt werden wollte: Eines Tages war ein Gast aus den USA zu Besuch in Sommerfelds Institut, doch als der amerikanische Physiker seinen Chef höflich mit »Guten Morgen, Herr Sommerfeld« begrüßte, bekam er keine Antwort. Am nächsten Tag versuchte er es mit »Guten Morgen, Herr Professor« erneut, was Sommerfeld immerhin ein Lächeln abrang. Zuletzt sprach der Amerikaner Sommerfeld mit »Guten Morgen, Herr Geheimrat« an, woraufhin der Begrüßte ihn strahlend anblickte und freundlich erwiderte: »Ihr Deutsch wird von Tag zu Tag besser.«

Übrigens – was den Lehrer Sommerfeld angeht, so verwunderte dieser eines Tages mit der Ankündigung, eine Vorlesung über Kristallphysik halten zu wollen. Seine Assistenten fragten ihn daraufhin, ob er dieses Thema überhaupt beherrsche. »Nein«, antwortete der Geheimrat, »aber deshalb halte ich ja diese Vorlesung.« Prinzipiell gestaltete er seine

> Lehrveranstaltungen so, dass sie für Fortgeschrittene zu leicht und für Anfänger zu schwer waren. Oder mit Sommerfeld ausgedrückt: Von einer guten Vorlesung versteht jeder Zuhörer das erste Drittel, erfassen die Experten das zweite Drittel und geht das letzte Drittel über sämtliche Köpfe hinweg.

Während Sommerfeld sich sorgfältig auf jedes Kolleg vorbereitete, vergaß Pauli manchmal, dass seine Vorlesung näher rückte. Einmal ergriff er im letzten Moment sein Heft mit den dazugehörigen Aufzeichnungen, hastete in den Hörsaal und vertiefte sich vor den Zuhörern in seine Notizen. Nach ein paar Minuten blickte er die Studenten an und murmelte verlegen: »Ich begreife nicht, was ich mir dabei gedacht habe«, um dann einfach irgendwo mit seinen Ausführungen anzufangen.

Es konnte auch passieren, dass ihm ein vorgetragener Gedanke plötzlich trivial vorkam. (Zur Erklärung: Die mathematischen Physiker kennzeichnen mit diesem Attribut eine These, wenn sie so offensichtlich und leicht zu erfassen ist, dass sie nicht eigens bewiesen werden muss. So ist zum Beispiel die Behauptung trivial, dass Menschen durch ihren Glauben geprägt werden; und in der Mathematik gilt unter geeigneten Voraussetzungen als trivial, dass die Multiplikation einer Zahl mit Null das Ergebnis Null ergibt, während das Malnehmen mit der Eins nichts ändert.) Eines Tages hielt Pauli eine Vorlesung über die Physik der Moleküle, deren Stabilität es zu erklären galt. Wenn die Moleküle aus stabilen Atomen bestünden, dann sei es trivial, so Pauli, dass der gebundene Zustand die niedrigste Energie habe. An dieser Stelle stockte er. »Ist das wirklich trivial?«, fragte er, um grübelnd den Hörsaal zu verlassen und vor der Tür auf und ab zu spazieren. Nach 20 Minuten kehrte er mit einem strahlenden Lächeln zurück. »Es ist wirklich trivial«, meinte er und fuhr mit seinen Ausführungen ungerührt an der Stelle fort, an der er sie unterbrochen hatte.

Bei solchen Geschichten verwundert es nicht, dass Pauli im Alltag seine liebe Mühe hatte, zum Beispiel, wenn er versuchte, eine Sektflasche mit einem Korkenzieher zu öffnen. Auch hatte er Pech mit seiner ersten Frau, einer Tänzerin, die er bei seinen nächtlichen Ausflügen in St. Pauli kennengelernt hatte, die aber bald nach einem anderen Mann Ausschau hielt. Pauli ärgerte sich zwar, als er plötzlich wieder alleine dastand, aber wirklich wütend machte ihn, dass seine Frau ihn eines Chemikers wegen verlassen hatte. »Wenn es doch wenigstens ein Mathematiker gewesen wäre«, jammerte das ehemalige Wunderkind der Physik, das sehr wohl über sich selbst zu sagen wusste: »Das Wunder vergeht, während das Kind bleibt.«

Der gute Mensch von Kopenhagen

Als der frisch promovierte Delbrück Anfang der 1930er-Jahre bei Pauli an der Universität in Zürich eintraf, um theoretisch-physikalisch zu arbeiten, mussten zwei Dickköpfe versuchen, miteinander auszukommen. Delbrück war kurz vorher bei seiner Doktorprüfung in Göttingen durchgefallen, und zwar deshalb, weil er jede Frage des Prüfers mit »Ich weiß nicht« beantwortet hatte. Es ging um Themen der klassischen Physik, und Delbrück meinte, deren Zeit sei vorbei. Er hatte sich deshalb gar nicht erst vorbereitet und wusste so weder zu sagen, wie man hohe Temperaturen bestimmt, noch, wie man die Stärke von Magnetfeldern misst. Zwar konnte diese Peinlichkeit in einer Wiederholung der Prüfung ausgebügelt werden, aber die Augen, die dafür zugedrückt werden mussten, hielt Pauli weit offen. Er hatte zwar Verständnis für solche trivialen Schwächen, reagierte aber unwirsch, als er merkte, dass Delbrück mit seinen theoretischen Bemühungen nur langsam vorankam und sich in all seine Berechnungen immer wieder Fehler einschlichen. Das ging Delbrück selbst auf die Nerven und ans Gemüt, und allmählich machte sich in Paulis Gast die Erkenntnis breit, dieser theoretisch weit fortgeschrittenen Wissenschaft nicht gewachsen zu sein.

Als Folge wechselte Delbrück nach Kopenhagen, wo der große Niels Bohr das freundliche Gegenstück zu Paulis Unerbittlichkeit darstellte. In seinem Kopenhagener Institut hatte er nämlich einen Umgangston voller Humor und Verständnis eingeführt.[4]

Bohr hatte Physiker aus vielen europäischen Ländern in die dänische Hauptstadt gelockt, unter anderem den bereits erwähnten Russen Gamow, der ein Meister des Schabernacks war und Bohr gerne begleitete, wenn der große Meister der Atomphysik abends ins Kino ging. Bohr liebte Wildwestfilme amerikanischer Produktion und machte sich seine ganz eigenen Gedanken zu den Inszenierungen aus Hollywood. »Ich glaube ja gerne«, sagte Bohr laut Gamow nach dem Besuch des Kinos, »dass sich ein Mädchen allein auf eine schwierige Wanderung durch die Rocky Mountains begibt. Ich kapiere auch, dass sie auf den engen Pfaden dabei ins Stolpern gerät, auf dem dazugehörigen Hang abrutscht und sich gerade noch an dem letzten Kiefernast festhalten kann und so verhindert, dass sie in die Tiefe eines Canyons abstürzt und ihr Leben verliert. Ich akzeptiere zudem, dass ein hübscher Cowboy genau in dem Moment fröhlich pfeifend und frisch gekämmt denselben Weg wie das

4 Ausführlich nachzulesen in meiner Biographie *Niels Bohr – Physiker und Philosoph des Atomzeitalters*, in dem einige der folgenden Geschichten ebenfalls zu finden sind.

Pauli und Bohr bei der Betrachtung eines Kreisels

Mädchen entlangkommt, sofort ihre Notlage erkennt und zielgenau sein Lasso wirft, das zum Glück die richtige Länge hat und von dem unglücklichen Mädchen ergriffen wird. Ich halte es auch nicht für ausgeschlossen, dass ihre Kraft ausreicht, um sich freischwebend daran festzuhalten und in die rettende Höhe ziehen zu lassen. Was mir nur extrem unwahrscheinlich erscheint, ist die Tatsache, dass zur selben Zeit, in der dies alles passiert, sich zusätzlich ein Kamerateam am Ort des Geschehens eingefunden hat, das die ganze Aufregung auch noch auf Film festhält.«

Im Anschluss an die Kinobesuche machte sich Bohr zusätzlich Gedanken über die Frage, wie es sein könne, dass in Wildwestfilmen zwar stets der Bösewicht zuerst zur Waffe greift, am Ende aber trotzdem der Gute als Sieger aus dem Wettkampf hervorgeht. Solch ein permanentes Happy End könne Hollywood doch nur bringen, wenn es wenigstens halbwegs überzeugend wirke. Bohr versuchte, dies mit seiner Beobachtung zu erklären, dass viele Abläufe in der Natur deshalb so gut gelängen, weil die beteiligten Organismen nicht über ihr Tun nachdenken und sie einfach so – instinktiv und intuitiv – beherrschen würden, und zwar fehlerfrei. Dies träfe auch auf den Filmhelden zu, der automatisch seinen Colt zöge, sobald der Bösewicht zur Waffe greift, während Letzterer zuvor über den passenden Zeitpunkt nachdenken müsse und daher im Moment der Entscheidung langsamer agieren würde.

Übrigens – eine ähnliche Einschätzung findet sich in der Schrift *Über das Marionettentheater* von Heinrich von Kleist aus dem frühen 19. Jahrhundert. Darin geht es unter anderem um einen Fechtmeister, der sich über die für ihn erstaunliche Fähigkeit eines Bären wundert, alle Stöße zu parieren. Es scheint ihm, »als ob er meine Seele … lesen könnte.«

Um Bohrs Theorie des instinktiven Wahrnehmens bestimmter Absichten auszuprobieren, kaufte Gamow zwei Paar Spielzeugpistolen, die sich die Kontrahenten – Gamow und Bohr – umbanden und tatsächlich auch im Seminar trugen. Der Russe übernahm die Rolle des Ganoven, der – wie sich herausstellte – keine Chance gegen den Helden Bohr hatte. Selbst dann nicht, wenn dabei heftig über die schwierigste Physik argumentiert wurde und die Umlagerungen von Atomkernen zur Debatte standen.

Zusammen mit dem amerikanischen Physiker und Kosmologen Ralph Alpher schrieb Gamow eine Arbeit über die Entstehung der ersten Elementarteilchen und Wasserstoffatome in einem Weltall, das sich nach einem heißen Urknall abkühlt. Als die beiden ihr Manuskript zur Veröffentlichung einreichten, kam Gamow auf die Idee, den völlig unbeteiligten Physiker Hans Bethe zu bitten, seinen Namen mit als Autor aufführen zu dürfen. Es wäre doch zu schön, meinte der Russe mit Humor, wenn man eine Arbeit von Alpher, Bethe und Gamow hätte, da die Reihenfolge dieser Namen den Anfangsbuchstaben des griechischen Alphabets entsprächen – Alpha, Beta, Gamma. Bethe schmunzelte und stimmte zu, ohne ein Wort in dem Text gelesen zu haben, über dem sein Name zusammen mit denen der beiden anderen später zu lesen stand.

Die Wissenschaft und das Spülen

Wenn sich Menschen treffen, die Bohr gekannt haben, oder wenn sich historisch interessierte Personen über seinen Rang und seine Bedeutung verständigen, dann dauert es nicht lange, bis Anekdoten über Bohrs eigentümlich dialektischen Witz und seine wahrnehmende und liebevolle Humanität zur Sprache kommen. Eine besonders eindrucksvolle Geschichte findet sich in Werner Heisenbergs Autobiographie *Der Teil und das Ganze.* Sie ereignete sich im Jahr 1933 auf einer eher einfachen Almhütte am Ende eines ausgiebigen Skitages. Nach dem Essen musste Ordnung gemacht werden, und Bohr bekam die Aufgabe, in der Küche das Geschirr zu waschen. Bei dieser für ihn sicher ungewohnten Tätigkeit fiel dem ewig wachsam Wahrnehmenden plötzlich etwas Wunderbares auf: »Mit dem Geschirrwaschen ist es doch genau wie mit der Sprache. Wir haben schmutziges Spülwasser und schmutzige Küchentücher, und doch gelingt es, damit die Teller und Gläser schließlich sauber zu machen. So haben wir in der Sprache unklare Begriffe und eine in ihrem Anwendungsbereich in unbekannter Weise eingeschränkte Logik, und doch gelingt es, damit Klarheit in unser Verständnis der Natur zu bringen.«

(Wobei anzunehmen ist, dass Bohr seine Gedanken tatsächlich in der deutschen Sprache ausgedrückt hat, die er so gut beherrschte und liebte wie seine Muttersprache.) Carl Friedrich von Weizsäcker, der mit von der Partie war, erinnert sich, dass diese Geschichte damit noch nicht zu Ende war. Als Bohr nämlich voller Stolz sein Werk – die gereinigten Teller und blitzblanken Gläser – betrachtete, fügte er mit seinem verschmitzten Lächeln hinzu: »Dass man mit schmutzigem Wasser und einem schmutzigen Tuch schmutzige Gläser sauber machen kann, wenn man das einem Philosophen sagen würde, er würde es nicht glauben.« (Wobei es dem Autor dieser Zeilen scheint, dass sich im Vergleich mit dem Spülen letztendlich verstehen lässt, wie Wissenschaft funktioniert und vorankommt: Eine unklare Idee wird in einem unklaren Experiment geprüft und das Ergebnis in unklaren Worten ausgedrückt. Es ist das Zusammenspiel von allen drei Komponenten – beim Spülen das Geschirr, das Wasser und das Tuch –, mit dessen Hilfe die erwünschte Klarheit entsteht. Der Versuch, Einsichten in die Natur unter Verzicht auf Experimente zu gewinnen, wäre dann wie Spülen ohne Wasser.)

Generell liebte Bohr es, über die Sprache nachzudenken und beim Sprechen mit ihr zu spielen – und das nicht nur, wenn er locker aus dem Dänischen ins Deutsche wechselte und umgekehrt. Diese Neigung erlaubte es ihm zum Beispiel, seinen Kindern und anderen Zuhörern zu beweisen, dass eine Katze drei Schwänze hat. Und zwar so: Eine Katze hat einen Schwanz. Keine Katze hat zwei Schwänze. Keine Katze und eine Katze hätten dann zusammen drei Schwänze, wie es zwar unsinnig, grammatisch aber korrekt heiße. Wobei manchmal zusätzlich erzählt wird, dass eines der Bohr-Kinder in das fröhliche Gelächter hinein seine leeren Hände ausgestreckt und gerufen hätte: »Hier ist keine Katze, Papa. Wo sind die beiden Schwänze?«

Ein weiteres schönes Sprachspiel Bohrs dreht sich um ein Hufeisen, das ein Bekannter in der Nachbarschaft der Bohrs über der Eingangstüre seines Hauses angebracht hatte, weil dies nach altem Volksglauben Glück bringen sollte. Bohr erzählte, dass er den betreffenden Mann gefragt habe, ob er wirklich abergläubisch sei und an den Glücksbringer glaube. »Natürlich nicht«, habe der Angesprochene daraufhin geantwortet, »aber ich habe gehört, dass es auch dann hilft, wenn man nicht daran glaubt.«

Prüfung mit Barometer

Es gibt heutzutage viele Menschen, die mehr im Internet als in anderen Quellen lesen. Doch auch hier trifft man mit wachsendem Vergnügen auf Anekdoten, die von Bohr handeln. In dem digitalen Medium findet man zum Beispiel die vergnügliche Erzählung, in der

der Student Bohr in einer Prüfung gebeten wird, der Kommission zu erklären, wie man mit einem Barometer die Höhe eines Gebäudes – zum Beispiel des Gebäudes, in dem die Prüfung gerade stattfindet – ermitteln könne. Dabei soll sich dem Vernehmen nach der folgende Dialog abgespielt haben:

»Herr Bohr, wie bestimmen Sie die Höhe eines Gebäudes mit einem Barometer?«

»Ganz einfach. Nehmen wir zum Beispiel dieses Institut. Ich nehme das Barometer, klettere auf das Dach, werfe es nach unten und bestimme die Falldauer, aus der man mit einer einfachen Gleichung die Höhe berechnen kann.«

»Herr Bohr, etwas weniger zerstörerisch und eleganter, bitte.«

»Ganz einfach. Ich klettere wieder auf das Dach, nehme ein Seil mit, binde das Barometer daran fest, lasse es auf die Straße herunter und messe die Seillänge.«

»Herr Bohr, es geht hier um Physik, und davon müssen sie etwas mehr einsetzen, bitte.«

»Ganz einfach. Ich bleibe bei dem Seil und lasse das Barometer als Pendel schwingen, bestimme die Schwingungsdauer bei gegebener Pendellänge und berechne daraus mit der bekannten Formel …«

»Herr Bohr, das geht doch genauer und einfacher mit etwas mehr Mathematik, bitte.«

»Ganz einfach. Ich warte auf Sonnenschein, bestimme die Länge des Schattens, den das Barometer wirft, bestimme zugleich die Länge des Schattens, den das Gebäude wirft, und kann durch ein wenig Trigonometrie ausrechnen, was Sie wissen wollen, wenn ich die mir bekannten Maße des Barometers dabei einsetze.«

»Herr Bohr, das klingt alles nicht undurchführbar, aber geht es nicht einfacher und direkter, und zwar mit der besonderen Qualität und Funktionsweise des Geräts, mit dem Sie hantieren?«

»Doch. Ich gehe zum Hausmeister und frage ihn, ob er weiß, wie hoch das Gebäude ist. Wenn er es weiß und mir sagt, schenke ich ihm das Barometer.«

Als das Publikum aus dem Lachen und die Prüfungskommission aus dem Kopfschütteln nicht mehr herauskommt, fügt Bohr mit seinem charmanten Lächeln hinzu: »Natürlich kann man mit dem Barometer auch den Unterschied im Luftdruck zwischen der Parterre und dem Dachgeschoß ermitteln, ihre Differenz bilden und mit Hilfe dieser gemessenen und berechneten Zahlen und dank der barometrischen Höhenformel die gestellte Frage beantworten, aber das steht doch so im Lehrbuch, und dann wissen Sie das ja schon.«

Zu den Physikern, die solche Geschichten selbst erzählt und Bohr persönlich gekannt haben, gehört Carl

Friedrich von Weizsäcker. Er bezeichnete den Dänen gerne als den Sokrates der Physik, der immer die richtigen Fragen zu stellen wusste und sich nie mit den Antworten zufriedengab. Als Bohr dieser Vergleich zu Ohren kam, fiel ihm gleich eine passende Geschichte über den griechischen Philosophen ein: Ein Philosoph, genauer gesagt, ein Sophist, der hier aber ungenannt bleiben soll, bricht nach einem Gespräch mit Sokrates zu einer längeren Reise durch Kleinasien auf. Nach seiner Rückkehr spaziert er erneut durch die Straßen Athens und trifft dabei – wen sonst? – Sokrates im Gespräch mit anderen. »Meine Güte«, ruft der Sophist aus, »da bist du ja immer noch, Sokrates, und sagst dasselbe über dieselben Dinge.« »Natürlich«, erwidert der Angesprochene, »das mache ich, während du, als schlauer Mann, sicher niemals dasselbe über dieselben Dinge sagst.«

Ein Homo scientificus

Zum Schluss dieses Kapitels soll es noch einmal um Delbrück gehen, der als Postdoc am Bohrschen Institut arbeitete. Der Weise aus Kopenhagen lockte den jungen Mann mit dem Vorschlag, den Versuch zu unternehmen, die Erfolge der Physik aus den ersten Jahrzehnten des 20. Jahrhunderts im Rahmen der Biologie zu wiederholen und »Licht und Leben« zusammen zu verstehen, wie eine Vorlesung hieß, die Bohr zu Beginn der – politisch schwieriger werdenden – 1930er-Jahre hielt. Delbrück agierte erfolgreich, und 1969 durfte er nach Stockholm reisen, um den Nobelpreis für Medizin entgegenzunehmen. Das freute Delbrück nicht nur der Ehrung wegen, sondern auch, weil im gleichen Jahr der Nobelpreis für Literatur an Samuel Beckett verliehen wurde und er ein gieriger Leser der Werke des Iren war.

Delbrück wollte von Beckett schon lange Auskunft über eine Stelle in seinem Roman *Molloy* haben, und er hoffte, sie jetzt in Stockholm zu bekommen. Der Biologe wollte wissen, ob Becketts Figur Molloy eine Verkörperung jener Menschen sei, die ihrer Natur nach Wissenschaftler seien und nicht anders könnten, als hinter der Wahrheit her zu sein. Delbrück bezog sich dabei auf die Stelle, in der Molloy am Strand Steine sammelt und in seine zahlreichen Manteltaschen stopft, um sie immer wieder hervorholen und der Reihe nach lutschen zu können. Molloy möchte nun seine Lieblingssteine sooft es geht lutschen, aber nicht immer und ausschließlich, und dazu benötigt er ein Ordnungssystem. Nach redlichem Bemühen kommt er auf eines, das ihn glücklich macht – doch im selben Moment ändert sich seine Stimmung. Nach der Lösung des Problems verliert er die Lust am Lutschen. Er wirft die Steine weg, um sich etwas Neuem zuzuwenden. Delbrück war der Meinung, dass man sich so einen *Homo scientificus* vorstellen müsse, der durch eine Umkehrung charakterisiert sei: Nicht er stelle der Wahrheit nach, vielmehr stelle die Wahrheit ihm nach. Sie jage ihn, sie treibe ihn auch an den fernsten Stränden dazu, ein kaum praktisches und den meisten Menschen eher fern stehendes Problem zu formulieren und unablässig zu verfolgen, um es nach einer zufriedenstellenden Lösung aufzugeben und sich der nächsten Frage zuzuwenden. Das zu Findende und der Wille zum Verstehen trieben einen wissenschaftlichen Menschen an, sei es in einem Laboratorium oder am Strand, sei es beim Hantieren mit Atomen oder mit Steinen. So sah es Delbrück, und er wollte Beckett in Stockholm fragen, ob er seinen Molloy auch so gesehen hatte.

Leider sollte der Dichter jedoch nicht nach Schweden kommen, weil er lieber Ferien in Tunesien machen wollte. »Ich komme nicht«, war seine Antwort an das Nobelkomitee, was Delbrück imponierte. Jeder andere hätte diesen drei Worten noch etwas zur Entschuldigung hinzugefügt: »Ich komme nicht, weil ich etwas anderes vorhabe, das sich nicht aufschieben lässt« und so weiter. Unabhängig davon gab Delbrück aber nicht auf, und viele Jahre später gelang es ihm, Beckett in Berlin zu treffen. Beckett inszenierte hier eines seiner Stücke, während Delbrück Forschungsinstituten Besuche abstattete. Über verschlungene Umwege wurde ein Treffen der beiden an der Spree arrangiert, und der Biologe nutzte sofort die Gelegenheit, seine Frage zu stellen. Beckett hörte ruhig zu, sagte dann nur: »Nein«, er habe an etwas anderes gedacht und wollte möglichst rasch zurück ins Theater, zu seinen Proben. Er konnte wohl nicht anders.

Noch mehr Physiker

In den ersten Jahren des 20. Jahrhunderts spürten die Physiker, dass große Dinge bevorstanden. Max Planck hatte im Herbst 1900 das Quantum der Wirkung eingeführt, mit dessen Hilfe bald das herrlich dastehende Gebäude der klassischen Physik zum Einsturz gebracht werden konnte. Kräftig dazu beigetragen hatte Albert Einstein in seinem »Wunderjahr« 1905, in dem er zeigen konnte, wie wenig man bislang vom Licht verstanden hatte. *Theorie der Strahlung und Quanten* – so hieß dann 1911 auch die erste in der bald berühmten Reihe von Solvay-Konferenzen, die der spätere Nobelpreisträger Walther Nernst initiierte, nachdem er den belgischen Großindustriellen Ernest Solvay als Namensgeber und Mäzen gewinnen konnte. Die wohl berühmteste war die bereits erwähnte Solvay-Konferenz des Jahres 1927 über »Elektronen und Photonen«. Von den Teilnehmern dieser Konferenz existiert ein wunderbares Gruppenbild, auf dem viele der Physiker zu sehen sind, von denen hier erzählt wird. Es ist ein Abbild jener friedlichen Zeiten, in denen die Wissenschaft der Physik noch nahezu unschuldig betrieben werden konnte, bevor das Böse nach und aus Deutschland kam. Es gibt ein Buch von Jean Medawar und David Pyke, das die Geschichte der Wissenschaftler beschreibt, die vom Nazi-Regime vertrieben wurden: *Hitler's Gift*, also ›Hitlers Geschenk‹ an die Menschheit außerhalb des Dritten Reichs, zeigt auf seinem Titelbild die Mitglieder der erwähnten Solvay-Konferenz von 1927. Sie sind das Geschenk an die Welt – auch wenn sich das noch nicht herumgesprochen hat.

Übrigens – in dem Jahr, in dem die erste Solvay-Konferenz stattfand, stellte der aus Neuseeland stammende und im britischen Manchester tätige Ernest Rutherford zum ersten Mal durch Streuexperimente fest, was heute jeder zu wissen scheint: Atome haben einen Kern. Rutherford hatte radioaktive Strahlen auf dünne Goldfolien gelenkt und herausgefunden, dass nicht das gesamte hoch energetische Licht durch die Schicht hindurchgeht, sondern einige Strahlen zurückgeschleudert werden. Heute kann man zwar sagen, dass sich dadurch die Atomkerne zu erkennen geben, doch das konnte Rutherford noch nicht wissen. Seine große Überraschung über die experimentelle Beobachtung drückte er mit den Worten aus: »Das ist so, als ob man mit einem Maschinengewehr auf eine Zeitung schießt und dann feststellt, dass einige der Kugeln zu einem zurückkommen.«

Solvay-Konferenz 1927, Gruppenbild

Stehend von links nach rechts: Auguste Piccard, Émile Henriot, Paul Ehrenfest, Édouard Herzen, Théophile de Donder, Erwin Schrödinger, Jules-Émile Verschaffelt, Wolfgang Pauli, Werner Heisenberg, Ralph Howard Fowler, Léon Brillouin

In der zweiten Reihe sitzend von links nach rechts: Peter Debye, Martin Knudsen, William Lawrence Bragg, Hendrik Anthony Kramers, Paul Dirac, Arthur Holly Compton, Louis-Victor de Broglie, Max Born, Niels Bohr

In der ersten Reihe sitzend von links nach rechts: Irving Langmuir, Max Planck, Marie Curie, Hendrik Antoon Lorentz, Albert Einstein, Paul Langevin, Charles-Eugène Guye, Charles Thomson Rees Wilson, Owen Willans Richardson

Der Nernst des Lebens

Zwar hat Rutherford nicht an der berühmten Solvay-Konferenz von 1927 teilgenommen, aber an insgesamt fünf anderen. Bevor nun einige Geschichten zu den Physikern erzählt werden, die auf dem Bild von 1927 zu sehen sind, wird zuerst noch vom Chemiker Walther Nernst die Rede sein. Er hatte die Konferenzen zwar ins Leben gerufen, agierte aber wie ein Fotograf, der bekanntlich nicht auf der eigenen Aufnahme zu sehen ist (in Zeiten von Selfies kaum vorstellbar). Nernst und Einstein gerieten bei Kolloquien oftmals in hitzige Debatten, in deren Verlauf Nernst einmal gesagt haben soll: »Aber lieber Einstein, heute sagen Sie das Gegenteil von dem, was Sie beim letzten Treffen gesagt haben.« Woraufhin der Angesprochene freundlich erwiderte: »Was kann ich denn dafür, dass Gott die Welt anders gemacht hat, als ich vor einigen Wochen noch gemeint habe?«

Als Nernst einmal die Ehre hatte, dem deutschen Kaiser und seiner Gemahlin eine Radioübertragung vorzuführen, hatte er eine Schallplattenaufnahme mit einem Lied ausgewählt, das der berühmte Tenor Enrico Caruso sang. Nach der Übertragung wurde Nernst ins Schloss eingeladen, wo ihn die Kaiserin mit den Worten lobte: »Herr Professor, ich wusste gar nicht, dass Sie so gut singen können.«

Nach seiner Emeritierung beschäftigte sich Nernst mit Fragen zum Aufbau des Weltalls. Eines Tages meinte seine Frau dazu, dass ihr Mann seit einiger Zeit so auftrete, als sei er bereits einmal im Himmel gewesen – und bei dieser Gelegenheit habe er den Leuten dort oben gesagt, wie sie alles besser machen könnten.

Nernst war den meisten Personen auf dem Gruppenbild von 1927 bestens bekannt, und wenn sie vor einem schwierigen Problem standen und nicht weiterkamen, witzelten viele von ihnen: »Jetzt tritt der Nernst des Lebens an dich heran.«

Ein Lehrstuhl mehr in Göttingen

Unter den berühmten Physikern auf dem Bild wird Max Born von den Historikern eher zurückhaltend behandelt. Dabei hat der Nobelpreisträger Born sowohl seiner Wissenschaft als auch seinem Land nach dem Ersten Weltkrieg viele Dienste erwiesen, und die aufkeimenden Genies der neuen Physik – zum Beispiel Wolfgang Pauli und Werner Heisenberg – lernten ihr Handwerk als Assistenten an Borns Lehrstuhl und in seinem Seminar in Göttingen. Leider zeigte sich Born eher korrekt als komisch, aber es war seine leidenschaftslose Konzentrationsfähigkeit, die dafür gesorgt hat, dass die Physik in Göttingen überhaupt ihre große Blütezeit erleben durfte. Als Born nämlich 1920 den Etat-Entwurf des zuständigen Ministeriums genau durchsah, merkte er, dass sich da ein Schreibfehler eingeschlichen hatte: Im Finanzplan gab es – neben Borns Professur für die Theoretische Physik – zwei Professuren für Experimentalphysik, von denen eine als »Mit dem Tod des Inhabers wegfallend« markiert war, nachdem einer der beiden Wissenschaftler gestorben war. Allerdings stand diese Bemerkung in der falschen Spalte, nämlich bei dem Physiker, der noch lebte. Born meldete das dem zuständigen Ministerialdirektor, der als braver Beamter erwiderte: »Wir richten uns nach dem Wortlaut des Dokuments« und Born aufforderte, nach einem Physiker für die frei gewordene Stelle zu suchen. Born wählte James Franck, der 1925 den Nobelpreis für Physik bekommen und so den Ruhm der Göttinger Physik vermehren sollte. Die dritte Professur neben Born und Franck hatte ein Physiker namens Robert Wichard Pohl inne, was die Studenten sagen ließ, man könne nach dem Studium pohliert, franckiert oder borniert sein, was aber alles als Auszeichnung galt.

Noch eine kleine Anekdote zu Borns Nachnamen: Er bedeutet im Englischen »geboren«, woran Born sich aber erst gewöhnen musste. So bekam er einen gehörigen Schrecken, als er zum ersten Mal im britischen Cambridge aus dem Zug stieg und ein knallbuntes Kinoplakat zum Film »Born to be hanged« sah, was man beim ersten Lesen auch als »Born soll gehängt werden« übersetzen kann.

Die Mütter von Heisenberg und Himmler

Wie gesagt, Pauli und Heisenberg waren beide Assistenten von Born, der Heisenberg aber höher als den zynischen Wiener einschätzte. Der junge Deutsche erfüllte viel korrekter und zuverlässiger als Pauli seine Dienstpflichten und erwies sich anderen Physikern gegenüber als sehr kooperationswillig. Er zeigte sich immer gut organisiert und einsatzbereit, wobei sich später einige Leute manchmal dadurch genervt zeigten, dass Heisenberg auch bei kleinen Anlässen alles daransetzte, zu gewinnen. Als er noch weit vor seinem 30. Geburtstag seinen ersten Lehrstuhl in Leipzig innehatte, ließ er im Keller des Instituts eine Tischtennisplatte aufstellen, an der er sich bald als Meister erwies – bis eines Tages ein Physiker aus China zu Gast war, der Heisenberg besiegen konnte. Der Professor nahm daraufhin ein Sondertraining auf und ließ sich so lange von einem Tischtennislehrer unterweisen, bis er in seinem Institut an der Platte erneut unschlagbar war.

Bei allem Erfolg, den Heisenberg im Leben hatte,[5] gab es auch äußerst schwierige Zeiten für den vor Kreativität oft glühenden jungen Mann. Sie waren politischer Natur und hingen mit dem Dritten Reich zusammen, vor dem Heisenberg aber nicht fliehen wollte, weil er an der deutschen Heimat und ihrer Kultur hing. Öffentlich hatte er sich zwar nie von dem Regime distanziert, privat missbilligte und verurteilte er alle Exzesse aber scharf – und benutzte dabei für Hitler den Decknamen »Schipanski«. Er zeigte vor allem dann Mut, wenn es um seine Wissenschaft, die Physik, ging. Als er zum Beispiel 1934 über »Wandlungen der Grundlagen der Naturwissenschaften in jüngster Zeit« sprach, stellte er unter anderem ausdrücklich fest, dass die Relativitätstheorie kein willkürliches Verwirrspiel mit Raum und Zeit, sondern den Wissenschaftlern »durch die Natur selbst aufgezwungen worden« sei und Einsteins Ideen einen grandiosen Fortschritt im Verständnis des Kosmos darstellten. Die Presse beschuldigte Heisenberg daraufhin, »die Grundhaltung der jüdischen Physik« zu vertreten und schrieb: »Das Konzentrationslager ist zweifellos der geeignete Platz für Herrn Heisenberg.« Ihren Höhepunkt erreichte die Hetzkampagne im Sommer 1937, als *Das Schwarze*

5 Ausführlich nachzulesen in der von mir verfassten Biographie *Werner Heisenberg – Ein Wanderer zwischen zwei Welten.*

Korps, die Zeitschrift der SS, Heisenberg frontal angriff und ihn als »weißen Juden« beschimpfte, der »ebenso verschwinden muss wie die Juden selbst«.

Der Angegriffene musste sich dagegen wehren. In seiner Verzweiflung beschloss Heisenberg, sich direkt an den Reichsführer-SS Heinrich Himmler zu wenden, da er diesen Mann mehr oder weniger direkt erreichen konnte, und zwar auf folgendem Weg: Heisenberg hatte als Schüler das Maximiliansgymnasium in München besucht. Dessen Rektor hieß Nikolaus Wecklein und war Heisenbergs Großvater mütterlicherseits. Wecklein gehörte einem Wanderklub an, in dem sich bayerische Gymnasialdirektoren trafen – und zu ihnen hatte auch Himmlers Vater Joseph Gebhard gehört. Der alte Himmler war zwar 1936 gestorben, aber Heisenbergs Mutter hatte durch ihren Vater, den Rektor Wecklein, die Frau seines Kollegen Himmler kennengelernt. Nun bot sich Frau Heisenberg an, den Brief ihres Sohnes persönlich an Frau Himmler mit der Bitte zu überreichen, ihn ihrem Sohn Heinrich auszuhändigen. »Ach wissen Sie, Frau Himmler«, soll Heisenbergs Mutter bei der entscheidenden Begegnung der beiden Damen gesagt haben, »wir Mütter, wir verstehen ja nichts von der Politik, weder von Ihrem Sohn noch von meinem Sohn, aber wir wissen, dass wir für unsere Buben sorgen müssen. Und darum bin ich bei Ihnen.«

So traf dank der mütterlichen Vermittlung Heisenbergs Brief auf persönlichem Weg im August 1937 bei Himmler ein, der ihn aber bis zum November desselben Jahres liegenließ. Anschließend dauerte es noch einmal bis zum Juli 1938, bevor Himmler die von ihm angeordnete Untersuchung des »Falles Heisenberg« mit dem Ergebnis abschloss: »Wir können es uns nicht leisten, diesen Mann, der verhältnismäßig jung ist und Nachwuchs hervorbringen kann, zu verlieren oder tot zu machen.«

Für dieses zwar beruhigende, aber makaber und banal formulierte Schreiben, das zudem nicht den akademischen, sondern den biologischen Nachwuchs ins Auge nahm, hatte Heisenberg lange und quälende Verhöre durch die Gestapo über sich ergehen lassen müssen. In deren Verlauf war ihm unter anderem vorgehalten worden, homosexuell zu sein – etwas, das damals als Verbrechen behandelt wurde und mit hoher Wahrscheinlichkeit die Einweisung in ein Konzentrationslager zur Folge gehabt hätte. In seinen Erinnerungen geht Heisenberg zwar mit keinem Wort auf diese Tortur ein, aber seine Frau erzählte später, dass er gegen Ende seines Lebens manchmal gemeint hätte, noch das Marschieren von Nazi-Stiefeln zu hören, und mitten in der Nacht aufgewacht wäre, weil er von Gestapo-Leuten geträumt hätte, die über eine Treppe auf das Schlafzimmer zugestürmt seien.

Historisch betrachtet war es Heisenberg, der 1925 in einer Nacht auf Helgoland als Erster den Weg zu einer neuen Physik der Atome fand. Ihm folgte 1926 der aus Wien stammende Erwin Schrödinger, der bei einem Urlaub in Arosa eine zweite (gleichwertige) Formulierung zu Papier brachte, mit der sich das Verhalten der Atome beschreiben und berechnen ließ. Abgesehen davon, dass die beiden Revolutionen der Physik an Orten stattgefunden hatten, an denen Menschen sonst Ferien machten, kann in Bezug auf Schrödinger noch erwähnt werden, dass er seinen kreativen Winterurlaub in den Schweizer Bergen nicht mit seiner Ehefrau, sondern mit einer Freundin verbrachte, die neun Monate später eine Tochter zur Welt bringen sollte. Der später als Schöpfer einer Katze berühmt gewordene Schrödinger war ein großer Freund der Frauen, auch in den Jahren des Zweiten Weltkriegs, als er vor den Nazis nach Irland geflohen war und sich in Dublin unter anderem der Frage widmete: »Was ist Leben?«

Das Buch, das mit den dazugehörenden Vorlesungen unter eben jenem Titel 1945 erschien, befeuerte den damals einsetzenden Schwung der neuen Biologie und wird hier erwähnt, um auf zwei Aspekte einzugehen. Zum einen erwähnt Schrödinger im Vorwort etwas, das mehr Wissenschaftler seines Kalibers berücksichtigen sollten. Er schreibt nämlich, dass ihm sehr wohl klar ist, als Physiker an der gestellten Frage zu scheitern, die ja zu einer anderen Disziplin gehöre. Aber jemand müsse schon den Mut aufbringen, sich zu blamieren, wenn jemals ein interdisziplinäres Gespräch in Gang kommen solle. Zum anderen lässt Schrödinger erkennen, dass die Frage »Was ist Leben?« neben der wissenschaftlichen auch eine erotische Dimension hat – und er schreibt dazu, dass seine damalige Liebe zu einer Irin ihm die Antwort darauf ganz leicht gemacht hätte, wie jeder und jede verstehen könne, ohne Ahnung von Physik zu haben.

Nach dem Zweiten Weltkrieg war Schrödinger erst einmal in Dublin geblieben. Doch 1956 rief ihn sein Vaterland zurück nach Wien. Er willigte ein und strahlte über das ganze Gesicht, als der Zug am Ende seiner Rückreise in den Bahnhof einfuhr und er eine dichte Menschenmenge versammelt sah, die fröhlich Landesfahnen schwenkte. Schrödinger war gerührt, er öffnete die Wagentür und wollte aussteigen, um die Huldigungen entgegenzunehmen, als ihn jemand zur Seite nahm. »Bittschön, der Herr, machens' Platz, gleich kommt der Toni Sailer«, also der Skiläufer, der gerade bei den Olympischen Spielen drei Goldmedaillen gewonnen hatte.

Bei all seiner amourösen Umtriebigkeit war Schrödinger dennoch ein Ehemann gewesen, der manchmal auch nachmittags mit der Gattin daheimbleiben und brav Tee trinken konnte. Eines Tages in den 1920er-Jahren bemerkte Frau Schrödinger dabei, dass sich die Blätter nach dem Umrühren immer in der Mitte des Tassenbodens sammelten. Sie fragte ihren gelehrten Gatten, ob er diese schöne Bewegung erklären könnte. Schrödinger steckte damals tief in den Verwicklungen der Atomphysik, und so fielen ihm die Teeblätter lästig. Er rief aber Albert Einstein an, um ihn um Rat zu bitten. Einstein fand das Thema spannend und konnte nach einigem Nachdenken sogar nicht nur das zentrale Versammeln von Teeblättchen in einer umgerührten Tasse, sondern mit den gleichen physikalischen Mechanismen auch die Krümmung von Wasserläufen in Schlangenlinien auf der Erdoberfläche erklären. Einstein publizierte seine Überlegungen in seinem Buch *Mein Weltbild* unter der Überschrift »Die Ursache der Mäanderbildung der Flussläufe und des Baerschen Gesetzes«. Kein hinreißender Titel, aber ein hinreißender Text.

Aus einem Elfenbeinturm der Wissenschaft

Als junger Mann konnte Delbrück in den frühen 1930er-Jahren an den Seminaren des oben erwähnten Physikers Max Born in Göttingen teilnehmen, der später in den 1950er-Jahren mit dem Nobelpreis ausgezeichnet werden sollte. Born hatte eine illustre Menge von aufstrebenden jungen Physikern um sich versammelt, die einem Außenstehenden wie »Oddballs«, also wie »komische Käuze« vorkommen konnten, wie Delbrück sie nannte. Sie hockten meist tief in ihren Gedanken versunken in den Büros oder in den Hörsälen und brauchten dringend jemanden, der ihren Alltagskram erledigte und zum Beispiel für sie einkaufen ging – womit Born dann andere Mitarbeiter an seinem Lehrstuhl beauftragte. Um zwei von diesen komischen Käuzen soll es im Folgenden gehen.

Da wäre zuerst der 1904 in New York geborene Julius Robert Oppenheimer. Wenn er sich zu Wort meldete, hörte man nur ein Nuscheln, und das Einzige, was klar verständlich war, war ein »G-nü-mü« – hinter dem allein Fachleute die entscheidende Angabe einer mathematischen Formel wahrnehmen konnten, in der es um eine Größe $G_{\upsilon\mu}$ ging, deren Indizes als griechische Buchstaben geschrieben werden (also mit υ

und μ, gesprochen »nü« und »mü«). In einigen physikalischen Gesetzen kommen – vor allem im Rahmen der allgemeinen Relativitätstheorie von Albert Einstein – Größen vor, die mehrere Dimensionen haben und durch solche Indizes markiert werden. Als Oppenheimer in seinem zweiten Leben in Los Alamos das Manhattan-Projekt leitete, in dessen Rahmen die amerikanische Atombombe entwickelt wurde, gehörte zu seinen Mitarbeitern der Physiker Richard Feynman. Von dem jungen Amerikaner gibt es viel zu erzählen, hier soll es aber erst einmal nur um seinen Versuch gehen, zu einer Konferenz zu der einsteinschen Theorie im US-Bundesstaat North Carolina zu gelangen. Nachdem er auf dem Flughafen in North Carolina gelandet war, wollte Feynman mit dem Taxi zur Universität fahren, doch der Fahrer fragte ihn, welche er meine: Hier gebe es zwei Universitäten, eine staatliche in der Stadt Raleigh und eine zweite in Chapel Hill. Nachdem Feynman vergeblich in seinen Unterlagen gewühlt und nichts dazu gefunden hatte, überlegte er kurz und fragte dann den Taxifahrer, ob er schon ein paar Leute vom Flughafen in die Stadt kutschiert hätte und ob ein paar von denen dauernd »G-nü-mü« gemurmelt hätten. »Stimmt«, antwortete der Fahrer, »da gab es heute Morgen solch eine Gruppe von Leuten, die hektisch mit solchen Lauten aufeinander einredeten.« »Bringen Sie mich dorthin, wo Sie die abgesetzt haben«, bat Feynman. Und so schaffte er es, zu der Konferenz zur Theorie der Relativität zu kommen.

Feynman liebte die Show und zeigte in seinen Vorlesungen gerne seine Überlegenheit. So beruhigte er manchmal seine Zuhörer damit, dass sie für den Fall, dass sie nichts verstünden, einfach so lange die Muster seiner Krawatte studieren könnten – wobei hier erwähnt werden muss, dass er grundsätzlich keine Krawatten trug. Feynman verfügte zudem über ungewöhnliche lautmalerische Fähigkeiten und konnte den Eindruck erwecken, perfekt Spanisch oder Russisch zu sprechen, ohne ein einziges Wort in der jeweiligen Sprache in den Mund zu nehmen. Eines Tages wollte man ihn auf einer Party in Verlegenheit bringen, als die amerikanische Gastgeberin, die einige Jahre in China gelebt hatte, ihn mit »Ai, choong, ngong jia!« begrüßte. Feynman zögerte keine Sekunde und antwortete – wohlgemerkt ohne jede Kenntnis des Chinesischen und nur orientiert am Klang der Sprache: »Ah ching, jong jien!« – »Ach du meine Güte«, hörte man daraufhin die Dame sagen, »ich habe befürchtet, dass das passiert. Ich rede Mandarin und er antwortet in kantonesischem Chinesisch.«

Der zerstreute Professor

Zu den noch auffälligeren Käuzen des Göttinger Born-Seminars zählte der später als Vater der Kybernetik bekannt und berühmt gewordene Mathematiker Norbert Wiener. Nach seinem Aufenthalt in Deutschland wurde er Professor am berühmten Massachusetts Institute of Technology (MIT) im amerikanischen Cambridge, wo er die heute so vertrauten Rechenmaschinen entwickelte und die Steuerungsprozesse untersuchte, die in Maschinen und Lebewesen ablaufen müssen, damit diese ihre Aufgaben erfüllen können. Wiener war stets etwas zerstreut, und so gibt es ein paar amüsante Geschichten über ihn zu erzählen. Hier eine kleine Auswahl davon:

Wiener war verheiratet, Vater zweier Töchter und lebte mit seiner Familie in der Nähe der Universität. Eines Tages kündigte seine Frau an, dass sie umziehen würden, und zwar zwei Straßen weiter. Sie teilte ihrem Mann die neue Adresse mit und händigte ihm den neuen Schlüssel aus. Als Wiener abends nach Hause kam, ging er zu dem alten Haus und stocherte vergeblich mit dem Schlüssel im Schloss herum, als es ihm irgendwann dämmerte: Seine Familie war umgezogen! Aber wohin? Er wanderte durch die Straßen, bis ihm zwei Mädchen begegneten. »Hallo ihr«, sprach Wiener sie an, »wisst ihr zufällig, wo Professor Wiener wohnt?« – »Ja, Papa«, antworteten die beiden, »komm mit, es ist nicht weit.«

Einmal stand Wiener offenbar tief in Gedanken versunken auf dem Campus seiner Universität und schaute sich um. Als ein Student es wagte, ihn anzusprechen und zu fragen: »Professor Wiener, brauchen Sie Hilfe?«, hellte sich die Miene des Gelehrten auf, und er rief aus: »Wiener! Das ist es, da bin ich nicht draufgekommen.«

Eines anderen Tages traf Wiener auf dem Campus einen befreundeten Mathematiker, mit dem er ins Gespräch kam. Nach einiger Zeit fragte Wiener: »Sagen Sie mal, bin ich von rechts oder von links gekommen, als wir uns getroffen haben?« »Von links«, bekam er zur Antwort. »Gut«, meinte Wiener daraufhin, »dann bin ich aus der Mensa gekommen und habe schon zu Mittag gegessen.«

Wiener liebte es, beim Lesen mit dem Buch umherzulaufen, wobei es auch passieren konnte, dass er nicht nur auf den Gängen der Universität blieb, sondern auch durch offene Türen ging. So geriet er in manchen Hörsaal, schlich dort die Wände entlang und verließ den Raum wieder, während die dort Versammelten ihm zusahen und den Atem anhielten. Wiener schien sie nicht zu bemerken.

Als Wiener selbst einmal eine Vorlesung hielt und in ihrem Verlauf auf die newtonsche Mechanik zu sprechen kam, wollte er den freien Fall von Gegenständen vorführen, indem er das Stück Kreide, das er in seiner Hand hielt, losließ. Allerdings fiel es nicht auf den Boden, sondern stieß gegen seine Manschetten und verschwand dann in seinem Hemdsärmel – und da steckt es wahrscheinlich heute noch.

Der oben erwähnte Satz von Max Delbrück: »Das war der schlechteste Vortrag, den ich je gehört habe«, kennt im Übrigen einen historischen Vorläufer, der mit Wiener zu tun hat. Sowohl Wiener als auch Delbrück lebten eine Zeit lang in Göttingen, an deren Universität auch der Berühmteste aller Mathematiker, David Hilbert, lehrte und forschte, von dem im nächsten Kapitel noch ausführlich die Rede sein wird. Hilbert hatte eines Tages einem Vortrag von Wiener zugehört und anschließend an der üblichen Nachsitzung im Café Roons teilgenommen. Bei den Unterhaltungen meinte Hilbert, dass man früher länger über Vorträge habe nachdenken und reden können, da sie einfach besser gewesen seien. »In letzter Zeit sind sie immer schlechter geworden«, wie der Mathematiker meinte, um zu ergänzen: »Heute Nachmittag, da gab es eine Ausnahme.« Doch als Wiener sich auf das erwartete Lob freute, sagte Hilbert: »Der Vortrag heute Nachmittag war der schlechteste, den ich jemals gehört habe.«

In Hilberts Hotel

Nun zu David Hilbert. Zu seinen besonders großen Auftritten in der Mathematik gehört ein Vortrag, den der Ostpreuße im Jahre 1900 auf der internationalen Tagung von Mathematikern hielt, die zum Ende des alten bzw. zum Beginn des neuen Jahrhunderts in Paris abgehalten wurde. Bei seinem heute längst legendären Auftritt in der französischen Hauptstadt sprach Hilbert nicht weihevoll über das von seiner Zunft Erreichte, um sich dabei auf die eigene Schulter zu klopfen, sondern er stellte sowohl den in Paris anwesenden als auch allen anderen und in der französischen Hauptstadt zur Jahrhundertwende abwesenden Kollegen die von ihnen noch zu lösenden Probleme oder offenen Beweise vor. Er forderte die Mathematiker der Welt auf, die Lücken zu schließen und die fehlenden Klarheiten zu liefern. Hilbert zeigte sich überzeugt: »In der Mathematik gibt es kein Ignorabimus.« Und wer heute Hilberts Grab in Göttingen besucht, wird auf dem dazugehörigen Stein seine Überzeugung lesen: »Wir müssen wissen, wir werden wissen.«

Die Geschichte der Mathematik, die nach Hilbert kam, sollte seinen Traum von der vollständigen Beweisbarkeit aller Behauptungen allerdings platzen lassen. 1931 hat der aus Österreich stammende Logiker

Kurt Gödel das aufstellen können, was heute als Theorem der Unvollständigkeit bekannt ist und das in einfachen, zugleich aber paradox klingenden Worten besagt, dass es wahre Sätze gibt, die sich nicht beweisen lassen. (Später wird es noch mehr von Gödel, dem »Mozart der Mathematik«, zu lesen geben, und zwar in Zusammenhang mit seinen gemeinsamen Spaziergängen mit Albert Einstein in Princeton, New Jersey). Hilberts Ruhm konnte Gödels umwerfende Logik aber nichts anhaben – wobei die Verehrung für den Königsberger König der Mathematik und Geometrie sicherlich auch auf seiner Fähigkeit gründete, zum einen stets klare Positionen beziehen und zum anderen die Erkenntnisse der Mathematik so ausdrücken zu können, dass sie auch für den berühmten, in solchen Fällen gerne erwähnten kleinen Mann von der Straße verständlich wurden.

Für Hilberts klare Positionierung lässt sich ein schönes Beispiel anführen: In den Anfangsjahren des 20. Jahrhunderts gab es selbst in einer Eliteuniversität wie Göttingen kaltherzige Vorurteile gegenüber Frauen, die man lieber in der Küche und bei den Kindern sah. So wurde auf einer Fakultätssitzung tatsächlich als Argument gegen die Einstellung einer Dozentin für Mathematik angeführt, dass es für Damen keinen eigenen Raum gebe. »Aber meine Herren«, hat Hilbert daraufhin gepoltert, »wir sind doch hier an einer Universität und nicht in einer Badeanstalt.« Besonders angetan war Hilbert von der bedeutenden Mathematikerin Emmy Noether, deren Aufnahme in die Göttinger Akademie der Wissenschaften trotz seines Plädoyers jedoch nicht zustande kam. Hilbert schimpfte auf seine Kollegen und fragte sich: »Wie viele bedeutende Menschen haben wir wirklich in den letzten Jahren gewählt?« Seine Antwort: »Nur null, nur null«, und er fügte hinzu, dass, wenn man die Frauen auf das Kochen beschränken wollte, es passieren könnte, dass sie eines Tages überkochten. Zwar sei in der Mathematik viel von Ringen, Körpern und Vereinigungen die Rede, aber noch sei niemand auf die Idee gekommen, einen vollkommenen Körper dadurch zu definieren, dass er keinen Unterkörper aufweise.

Was nun Hilberts Mathematik für den kleinen Mann angeht, lässt sie sich gut an seiner Verwunderung darüber zeigen, dass zwei benachbarte und ähnlich aussehende – und nur wenige hundert Meter aufsteigende – Hügel in der Landschaft um Göttingen »Die Gleichen« hießen. Er kam zu dem Schluss: »Sie heißen *die Gleichen*, weil sie den gleichen Abstand voneinander haben.« Mathematiker ticken eben anders, was auch der folgende Witz zeigt: »Was denken Wissenschaftler, wenn sie sehen, dass drei Leute in einen Aufzug einsteigen, aber vier wieder herauskommen?« – »Physiker meinen, sie hätten sich wohl verzählt, Biologen fragen sich, ob die Vermehrung so schnell vor sich gehen könne, und Mathematiker werden sagen: ›Wenn jetzt einer reingeht, ist keiner mehr drin.‹«

Um das Denken der Mathematiker zu demonstrieren, stellte Hilbert die unter seinesgleichen verbreitete Neigung zu Existenzaussagen vor, die sich darin zeige, dass es in seinen Reihen nicht immer so wichtig sei, die Lösung eines Problems zu finden, sondern es als viel verlockender gelte, den Nachweis zu führen, dass es überhaupt eine Lösung dafür gebe. Um ein Beispiel für solch eine Existenzaussage zu bringen, ließ Hilbert seinen Blick durch den Saal schweifen, um zu sagen: »Unter denen, die in dieser Vorlesung sitzen, befindet sich einer, der die kleinste Anzahl von Haaren auf seinem Haupt trägt.«

Zu den umstrittenen und schwierigen Themen der Mathematik gehörte damals wie schon früher und auch noch heute der Umgang mit unendlichen Größen oder Mengen. In der Unendlichkeit stecken merkwürdige Paradoxien, wie im ausgehenden Mittelalter zum Beispiel der Bischof Nikolaus von Kues feststellen musste. Als ihm beim Nachdenken über den Weltraum auffiel, dass der Kosmos in dem Moment, in dem er in Gedanken unendlich groß vorgestellt würde, keinen besonderen Mittelpunkt mehr hätte, weil jeder Punkt dabei zum Zentrum werden würde und es selbst also keiner sein könnte. Hilbert liebte es, sich die Merkwürdigkeit des Unendlichen mit Hilfe eines Hotels mit unendlich vielen Zimmern vorzustellen. Im Gegensatz zu einem gewöhnlichen Hotel mit endlich vielen Zimmern konnte Hilberts Hotel nie voll besetzt sein, denn immer dann, wenn neue Gäste anreisten, brauchte man bloß die bereits eingetroffenen zu bitten, ein Zimmer weiter zu gehen und dort zu nächtigen. Und das bedeutet letztendlich, dass selbst bei unendlich vielen Gästen unendlich viele Zimmer frei bleiben würden.

Das wichtigste Problem oder die Zeta-Funktion

Das Thema Unendlichkeit beschäftigte die Mathematiker schon in den antiken Anfängen, als der große Euklid sich Gedanken über die Anzahl von Primzahlen machte. Natürlich gibt es unendlich viele natürliche Zahlen – also 1, 2, 3, 4, 5 und immer so weiter ohne Ende bis in die abgezählte Unendlichkeit hinein –, aber wie sieht es mit den Primzahlen aus, die dadurch definiert sind, dass sie sich nur durch sich selbst teilen und nicht als Produkt zweier Zahlen schreiben lassen? Die ersten neunzehn Primzahlen lauten: 1, 2, 3, 5, 7, 11, 13, 17, 19, 23, 29, 31, 37, 41, 43, 47, 53, 59, 61, und selbst wenn die Abstände zwischen ihnen ziemlich willkürlich aussehen, so scheint doch klar zu sein, dass mit zunehmender Größe einer Zahl das Angebot an kleineren wächst, durch die man sie teilen kann – und dann könnte es doch möglicherweise eine bestimmte und berechenbare Stelle geben, von der aus man das Unendliche ins Visier nehmen und danach keine Primzahlen mehr finden könne. Doch Euklid konnte zeigen, dass man nicht so einfach davonkomme und es unendlich viele Primzahlen gebe. Das stellte die Mathematiker zum einen vor die Aufgabe, die Unendlichkeit der Primzahlen von der der natürlichen Zahlen zu unterscheiden, und bot ihnen zum Zweiten die Herausforderung, die Verteilung der Primzahlen zu verstehen und in Form einer Rechenvorschrift zu erfassen.

Von den Primzahlen ist deshalb hier etwas ausführlicher die Rede, weil sich die Mathematiker selbst heute noch an ihnen die Zähne ausbeißen – und weil Hilbert sich auf besondere Weise mit ihnen verbunden zeigte. Seine Liebe zu den Primzahlen äußerte sich oberflächlich darin, dass der große Mathematiker seinen Kollegen im Jahre 1900 in Paris vor genau 23 Probleme stellen wollte und ein 24. Problem kurz vor seinem Auftritt aus der Liste entfernte. Es durften nur 23 sein, es sollte eine Primzahl sein, und den tiefen Grund dafür findet man in Hilberts Antwort auf die

Frage, welches mathematische Problem das wichtigste sei. Seine Antwort: »Das wichtigste Problem ist das der Nullstellen der Zeta-Funktion.« Und Hilbert ging sogar noch einen Schritt weiter: »Das Problem der Nullstellen der Zeta-Funktion ist nicht nur das wichtigste in der Mathematik, es ist absolut das Wichtigste«.

Bevor erläutert wird, was diese Nullstellen mit den Primzahlen zu tun haben, soll noch eine Anekdote erzählt werden, die mit dem römisch-deutschen Kaiser Barbarossa beginnt, der im 12. Jahrhundert gelebt und regiert hat und bei einem Kreuzzug gestorben war. Um seinen Tod hatte sich die Legende gesponnen, dass Barbarossa eigentlich nicht tot sei, sondern nur schlafe, um nach 500 Jahren zurückzukommen und Deutschland aus dem Schlamassel zu befreien, in den es bis dahin hineingeraten sei. Daraus hatte sich in akademischen Kreisen so etwas wie ein eigentümliches Ratespiel entwickelt, bei dem große Wissenschaftler gefragt wurden, was sie machen würden, wenn sie 500 Jahre nach ihrem Ableben wieder die Augen aufmachten. Hilbert zögerte keine Sekunde und sagte: »Ich würde fragen, ob das Problem mit den Nullstellen der Zeta-Funktion gelöst ist.« Das heißt, Hilberts Antwort lautete genauer: »Ich würde fragen, ob jemand die riemannsche Hypothese bewiesen hat«, denn es war der im 19. Jahrhundert (natürlich) in

Göttingen tätige Mathematiker Bernhard Riemann gewesen, der erstens die Zeta-Funktion eingeführt und zweitens das entscheidende Problem mit ihren Nullstellen formuliert hatte.

Die Bezeichnung Zeta-Funktion ist willkürlich gewählt, aber was Riemann im Auge hatte, war das, was man eine »harmonische Reihe« nennt. Dabei geht es um Zahlen wie 1, 1/2, 1/3, 1/4, 1/5, 1/6 und immer so weiter, wobei Riemann zum Ersten im Nenner Exponenten zuließ – also 1, $1/2^n$, $1/3^n$, $1/4^n$ … – und diese Hochzahlen zum Zweiten nicht nur mit den üblichen reellen, sondern zudem mit ungewohnten imaginären Anteilen versah. Das ist keineswegs trivial, doch weitere Details der Zeta-Funktion zu erläutern, würde zu weit vom Thema wegführen.[6] Worauf es hier ankommt, kann einfach ausgedrückt werden, nämlich auf die Nullstellen der Funktion von Riemann. Wie jedes Gebilde aus Zahlen (etwa die Funktion $x^2 - 2$ oder der Ausdruck $4x^3 + 10$) hat auch die Zeta-Funktion, bei der die oben genannten Zahlen addiert werden, ihre besonderen Nullstellen, und Riemann vermutete – und wer dies beweisen kann, bekommt, wie

6 Interessierte können sich in dem Buch *Dr. Riemann's Zero* des britischen Journalisten Karl Sabbagh informieren, in dem auch zu erfahren ist, dass ein Mäzen eine Million US-Dollar demjenigen bietet, der endlich das Problem löst, das Hilbert nach 500 Jahren Schlaf als Erstes interessierte.

in der untenstehenden Fußnote beschrieben, eine Million US-Dollar –, dass sie alle auf einer Linie liegen. Wichtig ist dabei, wie sie auf dieser Linie verteilt sind, denn wer diese Anordnung kennt – und jetzt erfahren wir, warum Hilbert sich so neugierig zeigte –, kann endlich Auskunft über die Verteilung der Primzahlen geben und für eine Primzahl berechnen, wie die nächste heißt, ganz gleich, in welch schwindelerregenden Billionenbereichen man sich gerade umschaut.

Die Hypothese, um die es geht, lautet also: »Die Nullstellen der Zeta-Funktion liegen auf einer Linie.« Und wenn die Mathematiker dies rechnerisch auch für die ersten Millionen Nullstellen nachprüfen konnten, so bleibt doch noch ein langer Weg bis zur Unendlichkeit. Wobei es natürlich Riemann selbst war, der 1859 die ersten Schritte dahin unternahm. In einem Brief schrieb er damals zwar, er habe »die Aufsuchung eines strengen Beweises nach einigen flüchtigen vergeblichen Versuchen vorläufig bei Seite gelassen«, aber Kenner sind sich sicher, dass er sich *unendlich* viel Mühe gegeben hat, um seine Hypothese zu beweisen, deren Besonderheit sich eben daran zeigt, dass selbst Riemann an ihr gescheitert ist. Und so fand man nach seinem frühen – allzu frühen – Tod unter seinen Papieren nur Berechnungen für die ersten sieben Nullstellen – was im 19. Jahrhundert ohne Rechenhilfe aber schon kompliziert genug gewesen war. Heute leistet die Verteilung der Nullstellen übrigens große Dienste in der Kryptographie, und man kann erst sicher sein, dass bestimmte Verschlüsselungen nicht zu knacken sind, wenn Riemann richtig vermutet hat.

Eine Frage der Nullstellen

Wie nicht anders zu erwarten, kennt die Mathematiker-Gemeinde noch ein paar weitere Geschichten, die sich um die riemannsche Hypothese ranken, und drei sollen hier erzählt werden: Die erste handelt von David Hilbert selbst, der in den 1920er-Jahren einen Studenten hatte, der sich die Nullstellen der Zeta-Funktion vorgenommen und ein Manuskript eingereicht hatte, in dem er einen Beweis der riemannschen Hypothese ankündigte. Hilbert stürzte sich auf die Arbeit, staunte über die Tiefe des Arguments seines Studenten, stieß dann aber doch auf einen Fehler, der sich trotz aller Mühen nicht korrigieren ließ. Er bat den jungen Mathematiker um einen neuen Versuch. Leider starb der Student im folgenden Jahr, und Hilbert bat die Eltern darum, am Sarg des Verstorbenen sprechen zu dürfen. Es regnete heftig, als Hilbert an das Grab trat und sagte, es sei eine Tragödie, dass ein junger Mensch mit solchem Talent so früh diese Welt verlassen habe, vor allem, wo er dem Beweis der riemannschen Hypothese ganz nahegekommen sei. Zwar habe er in seinen Ausführungen einen Fehler gemacht, aber den könne man sicher oder hoffentlich in Zukunft korrigieren, wie Hilbert trotz strömenden Regens und der trauernden Gemeinde mit zunehmendem Enthusiasmus verkündete, um dann fortzufahren: »Betrachten wir doch einmal eine Funktion mit einer komplexen Variablen ...«

Eine andere Geschichte erzählt von Harald Bohr, dem Bruder des bereits erwähnten Physikers Niels Bohr, der als Mathematiker tätig war und viel mit britischen Kollegen zusammengearbeitet hat. Zu ihnen gehörte der Zahlentheoretiker Godfrey Harold Hardy, der sich eines Tages mit einem kleinen Boot von England aus in Richtung Dänemark aufmachte, nachdem er zuvor mit folgendem Telegramm seine Ankunft angekündigt hatte: »I proved Riemann hypothesis. G. H. Hardy«. Nun machte man sich natürlich Sorgen, dass das Boot auf stürmischer See vielleicht kentern könnte, doch Harald Bohr beruhigte seine Freunde: »Wenn das Boot sinkt und Hardy untergeht, müssen wir alle glauben, dass er die riemannsche Hypothese bewiesen hat. Doch Gott wird es nicht zulassen, dass Hardy solch einen Ruhm auf sich laden kann, und die himmlische Macht wird folglich dafür Sorge tragen, dass er hier bei uns ankommt und wir also prüfen können, ob er recht hat.« Hardy schaffte es tatsächlich bis Dänemark, und sein Beweis erwies sich als genauso lückenhaft, wie Bohr es prophezeit hatte.

Bei der letzten Geschichte kommt der Teufel ins Spiel. Es gab einen Mathematiker, der sich seit Jahrzehnten an der Frage der Nullstellen abgearbeitet hatte und zuletzt – wie Goethes Faust – bereit war, einen Pakt mit dem Teufel einzugehen. Er ließ ihn zu sich kommen und bot ihm seine Seele an, wenn er ihm den Beweis für die Hypothese von Riemann lieferte. Luzifer lächelte, legte dem Mathematiker ein paar Papiere vor, die er brav unterzeichnete, und schaute den Erdensohn dann ein wenig betreten an. »Du fragst mich, ob die riemannsche Hypothese wahr ist«, stammelte er erst vorsichtig, um anschließend leiser werdend und höchst verlegen zu ergänzen: »Darf ich dich zunächst fragen, was die riemannsche Hypothese überhaupt ist?« Nachdem sich der Mathematiker von dem Schock erholt und verwundert die Augen gerieben hatte, sagte er zu dem Teufel harsch: »Nimm ganze Zahlen, bilde ihren Kehrwert, berechne ihren Wert mit einem komplexen Exponenten, dessen Realteil größer als 1 ist, addiere das alles und frage dich dann, wann dabei Null herauskommt, wo die Nullstellen liegen und ob sie wirklich alle eine Linie bilden.« – »Ach so«, antwortete der Teufel stirnrunzelnd, »das Problem kannte ich noch gar nicht, aber ich bringe dir seine Lösung in drei Tagen. Wir treffen uns dann wieder hier am selben Ort, und zwar zur Mitternacht.« Der Mathematiker knurrte vernehmlich, gab aber trotzdem seine Zustimmung und kehrte pünktlich zur verabredeten Zeit an den vereinbarten Ort zurück. Um Mitternacht war der Teufel noch nicht da. Es wurde ein Uhr, zwei Uhr, drei Uhr – da endlich rauschte der Höllenfürst herbei, völlig verschwitzt und außer Atem. Er grinste eher hilflos und war noch verlegener als beim letzten Treffen. »Ich bin nicht fertig geworden«, räumte er kleinmütig ein und fügte hinzu: »Das ist wahrlich ein großes Problem, was du mir da aufgegeben hast, aber ich habe hart daran gearbeitet und ein paar kleinere Hilfssätze drum herum bewiesen, die dir vielleicht weiterhelfen können.«

Der Mann des Jahrhunderts

Die frühen 1930er-Jahre müssen für Hilbert schwierig gewesen sein, zum einen, weil der eigenwillige Kurt Gödel zeigen konnte, dass Hilberts Ziel einer vollständig beweisbaren Mathematik unerreichbar bleiben musste, zum anderen, weil in Deutschland die Nationalsozialisten die Regierungsmacht übernommen und die jüdischen Wissenschaftler aus Deutschland vertrieben hatten. Da Hilbert fast ausschließlich von jüdischen Mathematikern umgeben war, fand er sich eines Tages ziemlich allein in Göttingen wieder. Als der damalige Erziehungsminister Bernhard Rust zu einem Besuch in die Stadt mit der einst so berühmten Fakultät kam, meinte er Hilbert gegenüber, dass das Leben in Göttingen nach den Säuberungen jetzt sicher viel schöner sei und die Mathematik doch nicht unter dem Verschwinden der Juden gelitten hätte. »Jelitten?«, staunte Hilbert, »die Mathematik hat nicht jelitten, es jibt sie gar nicht mehr.«

Zu den bekanntesten Forschern, die Deutschland verlassen mussten, gehörte der seit dem Ersten Weltkrieg weltberühmte Albert Einstein, den das *Time Magazine* 1999 zum Mann des Jahrhunderts wählte. Hilbert hatte um 1914 herum an ähnlichen Themen wie Einstein gearbeitet, was deshalb möglich gewesen war, weil es bei der allgemeinen Theorie der Relativität, die damals in der Entstehung begriffen war, sowohl auf mathematische Fertigkeiten als auch auf physikalische Intuition ankam. Die beiden überragenden Figuren der Wissenschaft legten dann auch im Laufe des Jahres 1915 fast zur gleichen Zeit zwei große Arbeiten zu dem Thema vor – Hilbert über *Die Grundlagen der Physik* und Einstein über *Die Feldgleichungen der Gravitation*. Wenn es auch offiziell keinen Streit um die Priorität zwischen den beiden Giganten gab, so wundert man sich doch, dass Einstein einen versöhnlichen Brief an Hilbert schrieb und dass das in Berlin angesiedelte Max-Planck-Institut für Wissenschaftsgeschichte durch einen seiner Direktoren noch zu Beginn des 21. Jahrhunderts die These verbreiten ließ, Einstein habe die Formeln der Relativitätstheorie nicht von Hilbert übernommen, sondern selbst gefunden.

Im November 1915 hatte Einstein einem Freund geschrieben: »Die Theorie ist von unvergleichlicher Schönheit, aber nur ein Kollege hat sie wirklich verstanden, und der eine versucht sie auf geschickte Weise zu ›nostrifizieren‹«, wobei das letzte Wort vom Duden mit »einbürgern« übersetzt wird. Demnach meinte Einstein, jemand – wer außer Hilbert? – habe seine Theorie der eigenen Arbeit eingebürgert, also für das eigene Werk übernommen. Aber dieses Thema soll hier nicht weiterverfolgt werden, denn anderen Quellen zufolge soll Hilbert öffentlich anerkannt haben, dass der entscheidende (physikalische) Gedanke von Einstein stammte. Allerdings konnte sich der Königsberger Mathematiker nicht ganz zurückhalten, und so ist von ihm der Satz überliefert: »Jeder Straßenjunge versteht mehr als Einstein von vierdimensionaler Geometrie«, zu dem er etwas ungläubig die Bemerkung ergänzte: »Und doch hat er die Arbeit gemacht und nicht die Mathematiker.«

Einstein hat nie bestritten, dass ihm sein Hirn manchmal zu »ausgeleiert« erschienen sei, um die Schwierigkeiten der höheren Mathematik zu bewältigen. Diese sollen nun aber nicht erläutert werden, weil es hier um das Anekdotische gehen soll, und dafür erweist sich Einsteins Bemerkung »nur ein Kollege hat sie wirklich verstanden« als ergiebiger. Wobei man den Hinweis geben muss, dass es sich bei Einsteins kosmologischem Modell des Weltganzen tatsächlich um eine vierdimensionale Konstruktion handelte – eine Raumzeit mit drei räumlichen Dimensionen mit der Zeit als vierter –, die Mühe machte, mathematisch ihre Tücken aufwies und nicht nur die algebraischen Rechenkünste ihres Schöpfers herausforderte, sondern eine Menge Menschen verzweifeln ließ (und heute noch lässt). Als Einstein eines Tages in Berlin am Ende einer längeren Unterhaltung mit einem befreundeten Physiker von seinem Gegenüber zu hören bekam: »Es ist seltsam, wie wenig Menschen Ihre Theorie verstehen«, antwortete er: »Es gibt sogar einen weniger, als Sie denken.« Und als der britische Physiker Sir Arthur Eddington im Jahre 1919 seine Messungen zur Überprüfung von Einsteins Theorie einem gespannten Publikum im britischen Cambridge vorstellte, fragte jemand, ob es stimme, dass nur drei Leute etwas von der allgemeinen Relativitätstheorie verstünden. Eddington überlegte und fragte dann zurück: »Wer soll denn der Dritte sein?«

Es war tatsächlich schwierig, sich das Bild der Welt und das Aussehen des Universums auszumalen, so wie Einstein es mit seinen geometrischen Theorien präsentierte. Das reizte einen amerikanischen Journalisten und ermunterte ihn bei einem Besuch des heute überlebensgroßen Physikers in den USA zu der Bitte, ob es nicht doch möglich sei, das offenbar Wunderbare, das Einstein über den Kosmos zu sagen wusste, in einem Satz auszudrücken, mit dem die neugierigen und lesenden Laien dann spazieren gehen könnten. Einstein nahm die Herausforderung an, dachte einige Tage über eine mögliche volkstümliche Formulierung seiner Einsichten nach, und schlug dann folgende Kurzfassung der allgemeinen Relativitätstheorie vor: »Früher hat man geglaubt, wenn alle Dinge aus der Welt verschwinden, so bleiben noch Raum und Zeit übrig; nach der Relativitätstheorie verschwinden aber Zeit und Raum mit den Dingen.« Wenn Einstein guter Laune war, konnte er Relativität aber auch drastisch erklären. Er verglich dann eine Minute, die man auf einer heißen Herdplatte verbringen musste, mit einer Minute, die man mit einem heißen Mädchen verbringen durfte, und meinte, es sei doch offensichtlich, dass die erste Zeitspanne relativ lang und die zweite relativ kurz sei.

Aber zurück zu Einsteins Mantra. Es lohnt den Versuch: Wer sich Einsteins Kurzfassung merkt und beim Spazierengehen immer wieder vor sich hersagt, bei dem kann eines Tages der entscheidende Groschen fallen, bei dem kann sich plötzlich der Blick in Einsteins Universum öffnen. Und wer kann schon von sich sagen, dass sich ihm mit einem Mal ein tiefes Geheimnis der Welt offenbart und ein Weltbild zu erkennen gegeben hätte?

Natürlich kann nicht garantiert werden, dass es dabei hilft, mehr über unseren Kosmos zu erfahren. Wahrscheinlicher ist es eher, dass die Relativitätstheorie auch nach den meditativen Übungen unverstanden bleibt. Der berühmte britische Schauspieler und Filmstar Charlie Chaplin hat diese Schwierigkeiten mit Einsteins Gedanken einmal in einer paradoxen Beobachtung zusammengefasst. Als sich die beiden Größen der westlichen Kultur in Hollywood trafen, um gemeinsam zu einer Filmpremiere zu gehen, meinte Chaplin beim Anblick der begeistert jubelnden Menge um sie herum: »Mich lieben die Leute, weil sie alles verstehen, was ich sage, und Sie lieben die Leute, weil sie nichts von dem verstehen, was Sie sagen.«

Eine ähnlich vertrackte Kombination von Ansichten hat Einstein einmal selbst fabriziert. Als er zu einem frühen Zeitpunkt seiner Karriere von seiner Frau gebeten wurde, sich für einen öffentlichen Auftritt gut anzuziehen, wollte Einstein wissen: »Wieso ist das nötig? In dem Publikum kennt mich doch keiner.« Als er dann jedoch berühmt war, alle Welt sein Gesicht mit den ungewöhnlichen Haaren kannte und seine Frau die Bitte wiederholte, wollte Einstein erneut wissen: »Wieso ist das nötig? Dort kennt mich doch jeder.«

Was die langen Haare angeht, so versuchten einige junge Männer, dem großen Wissenschaftler nachzueifern. In einem Fall wurde einem Schauspieler jedoch von seinem Regisseur vorgeworfen, er versuche so wie Beethoven auszusehen, der auch eine wilde Frisur trug. »Nein«, verteidigte sich der Schauspieler, »ich trage so lange Haare wie Einstein.« Worauf ihm erwidert wurde: »Einstein trägt die langen Haare nicht als Physiker, sondern als Geiger, und da ist er schlecht.« Menschen, die ihm beim Spielen zugehört haben, bestreiten dies allerdings – vor allem wenn Mozart auf dem Programm stand. »Mozarts Musik ist so rein und schön, dass ich sie als die innere Schönheit des Universums selbst ansehe«, hat Einstein einmal geschrieben, um erklärend hinzuzufügen, wie er sich mit seiner Geige, die er Lina nannte und gerne in einer gekachelten Küche ertönen ließ, musizierend entspannte: »Zuerst improvisiere ich, wenn das nicht hilft, suche ich Trost bei Mozart. Aber wenn sich beim Improvisieren doch ein Weg anbietet, brauche ich Bachs klare Konstruktionen, um meinen Gedanken weiterzuführen.«

Übrigens – nicht nur Einsteins Haare sind berühmt, sondern auch seine Zunge, die er auf einem Bild herausstreckt, das in New York am Abend seines 72. Geburtstags aufgenommen worden war. Diese Geste hat den Rolling Stones so gefallen, dass sie genau solch eine Zunge 1970 zu ihrem Markenzeichen erkoren – was sie machen konnten, ohne dafür besondere Gebühren zu zahlen: Einsteins Gesicht oder Teile davon existierten auf so vielen Abbildungen und Illustrationen, dass zuständige Behörden es freigegeben haben. Wer sollte auch allen Um- und Einsetzungen nachspüren und dafür kassieren?

Der Herr Warum?

Als Einstein der Welt seine Zunge herausstreckte, lebte er in Princeton, New Jersey, und es war sein Aufenthalt am dortigen Institute for Advanced Studies (IAS), der diese Eliteeinrichtung außerhalb der USA überhaupt bekannt machte. So trägt eine Geschichte des Instituts im Titel auch die Frage: »Who got Einstein's Office?« – ›Wer hat Einsteins Büro bekommen?‹ Eine Antwort darauf kann leider nicht gegeben werden – tatsächlich weiß nahezu niemand etwas dazu zu sagen –, hier soll es aber auch um etwas anderes gehen, nämlich um die bereits angekündigten Spaziergänge mit dem Logiker Gödel. Der aus dem jüdischen Wien stammende und in seiner Kindheit aus leicht einsichtigen Gründen »der Herr Warum?« Genannte fand sich nach einer umständlichen Flucht vor den Nazis in den 1940er-Jahren in Einsteins Nachbarschaft ein. Die beiden Herren unternahmen viele gemeinsame Spaziergänge durch die Wälder an der amerikanischen Ostküste und haben sich dabei trotz höchst unterschiedlicher Lebensauffassungen auf der wissenschaftlichen Ebene offenbar bestens verstanden.

Wie verschieden die beiden älteren Genies waren, zeigte allein schon ihr Auftreten: Auf der einen Seite Einstein, der meist salopp angezogen und ohne Socken herumlief, einen wohlgenährten Eindruck machte und

Einsteins Zunge an seinem 72. Geburtstag in New York

voller Schalk mit einem fröhlichen Gesicht auf Besucher reagierte; und auf der anderen Gödel, der sich stets korrekt kleidete, sich auch im Sommer in einen Mantel hüllte, ausgemergelt und weltfremd wirkte, nicht den Ansatz von Ironie zeigte und stets verbissen wirkte. Während Einstein Mozart und Bach verehrte, erquickte sich Gödel an seichten Schlagern und Micky-Maus-Cartoons. Während Einstein dem Gedanken an das Sterben eher wurschtig gegenübertrat – er hat einmal geschrieben: »Ich habe mir fest vorgenommen, mit einem Minimum an medizinischer Hilfe ins Gras zu beißen, wenn mein Stündlein gekommen ist, bis dahin aber draufloszusündigen, wie es mir meine ruchlose Seele eingibt, rauchen wie ein Schlot, arbeiten wie ein Ross, essen ohne Überlegung und Auswahl« –, war Gödel ein wahrer Hypochonder, der streng Diät hielt und manchmal sogar Babynahrung zu sich nahm. Am Ende seines Lebens war er dermaßen überzeugt davon, dass man ihn vergiften wollte, dass er die Nahrung verweigerte, auf 30 kg Körpergewicht abmagerte und zuletzt verhungerte. Im Januar 1978 fand man ihn in einer Ecke seines Büros wie einen Fötus mit hochgezogenen Knien und eingerolltem Rücken auf dem Boden hockend.

Gödel lebte bereits in jungen Jahren derart weltfremd, ja fast autistisch und von der Wirklichkeit zurückgezogen, dass er in den späten 1930er-Jahren gar nicht bemerkte, was in seiner Heimat politisch um ihn herum passierte. Erst in letzter Sekunde konnten er und seine Frau Österreich Richtung USA verlassen – auch wenn es zuerst nach Osten ging. Die Gödels hatten sich nämlich zu spät um ein Ausreisevisum bemüht, und so mussten sie über deutsch und sowjetisch besetzte Gebiete erst nach Moskau und von dort weiter mit der transsibirischen Eisenbahn nach Wladiwostok fahren, von wo aus es mit dem Schiff nach Japan und dann über den Pazifik endlich nach Amerika ging, erst an die West- und dann an die Ostküste, womit endlich die letzte Station auch dieser Lebensreise erreicht war.

Als Gödel 1947 in New Jersey beschloss, einen Antrag auf Einbürgerung in die USA zu stellen, wurde er zu einer Anhörung geladen, bei der auch über die amerikanische Verfassung gesprochen werden sollte. Gödel nahm sich den Text vor und entdeckte dabei eine Lücke, nämlich die logisch nicht abzuweisende Möglichkeit, Amerika auf legale Weise in eine Diktatur zu verwandeln (was zu Zeiten eines Präsidenten Trump im Jahre 2019 Sorgen bereiten sollte). Er teilte seine Beobachtung Einstein mit, der ihn davor warnte, den zuständigen Richter darauf hinzuweisen – was Gödel dann aber doch tat. Zum Glück unterbrach der Richter Gödels logische Beweisführung und erteilte ihm die Einbürgerung. Einstein gratulierte und meinte, da wäre er bei seiner vorletzten Prüfung ja noch einmal gut davongekommen. »Wieso vorletzte?«, wollte »der Herr Warum?« wissen. »Die letzte kommt«, antwortete Einstein, »wenn du in dein Grab steigst.«

Zu Einsteins 70. Geburtstag hatte Gödel dem Vater der Relativitätstheorie ein besonderes Geschenk gemacht und ihm eine eigenwillige Lösung der Grundgleichungen vorgelegt, die Einstein für den Kosmos gefunden hatte. Gödels Modell beschrieb dabei ein Universum mit zyklischer Zeit, in dem sich alles in einer Endlosschleife befindet und unentwegt wiederholt. Die Zeit scheint nicht weiter relevant zu sein, wenn es sie überhaupt gibt, und in Gödels berechneter Welt konnte man in jede beliebige Region der Vergangenheit, Gegenwart und Zukunft gelangen und sie auch wieder verlassen. Einstein erklärte dies mathematisch zwar für pfiffig, hielt es physikalisch aber für unmöglich.

Das Unmögliche, das Unlösbare lockte Gödel sein Leben lang. In diesem Zusammenhang lässt sich auch sein größter öffentlicher Auftritt anführen – auf den der 24-jährige Logiker aus Wien erst einmal warten musste, denn bei der im September 1930 stattfindenden Mathematiker-Tagung im preußischen Königsberg kam er ganz zuletzt an die Reihe. Gerade noch hatte Hilbert seinen Kollegen verkündet, es sei in der Mathematik noch nie ein unlösbares Problem gefunden worden – weil es ein solches seiner Ansicht nach auch nicht geben konnte –, als Gödel sich erhob und nur einen einzigen Satz von sich gab: »Man kann unter der Voraussetzung der Widerspruchsfreiheit der klassischen Mathematik Beispiele für Sätze angeben, die zwar inhaltlich richtig, die aber im formalen System dieser klassischen Mathematik unbeweisbar sind.« Dann setzte er sich wieder.

Die Fachleute im Saal waren überrascht, konnten in dieser Kürze aber wohl kaum die Tragweite des Gesagten erfassen, sagten nichts und kümmerten sich weiter um ihre alten Fragen, was im konventionellen Rahmen blieb. Es sollte Monate dauern, bis die Bombe, die Gödel in das Gebäude der Mathematik getragen hatte, platzen und sich seine Bewohner seitdem vor Sätzen fürchten sollten, die zwar richtig, aber nicht zu beweisen sind. Als einfachstes Beispiel kann man eine Vermutung des Königsberger Mathematikers Christian Goldbach aus dem 18. Jahrhundert anführen. Sie besagt, dass jede gerade Zahl größer als 2 sich als Summe von zwei Primzahlen schreiben lässt: 8 = 5 + 3, 14 = 7 + 7, 20 = 13 + 7 und ähnliche Additionen. Bis heute ist zwar kein Gegenbeispiel, aber auch kein Beweis für die ganz einfach klingende Goldbach-Vermutung bekannt. Und so müssen sich die Mathematiker Hilberts Überzeugung »Wir müssen wissen, wir werden wissen« zum Trotz mit Gödels Ungereimtheiten abfinden. Da ist die kalte Logik unerbittlich.

Einstein und der liebe Gott

Vom kühlen Mathematiker Gödel zurück zum fröhlichen Physiker Einstein. Berühmt – weltberühmt – ist Einstein im Jahre 1919 geworden, als die Physik mit geeigneten Experimenten offiziell zu bestätigen wusste, dass Einsteins neue Ideen das Universum besser beschreiben konnten als die alten Vorstellungen von Isaac Newton, an denen man sich seit Jahrhunderten orientiert hatte. Der Raum erwies sich als gekrümmt, und Lichtstrahlen, die ihn durchquerten, mussten um Himmelsobjekte einen riesigen Bogen machen. Auf den Titelseiten großer Zeitungen erschienen nach der Bekanntgabe der Messungen Überschriften wie »Die Sterne sind nicht da, wo wir sie vermuten, alles läuft schief am Himmel, fast keiner blickt mehr durch.« Mit solchen und ähnlichen Sätzen wurde nach dem Ende des Ersten Weltkriegs ein neuer Star geboren. Die Relativitätstheorie wurde zum Stadtgespräch, und Einstein übernahm die Rolle des Weltweisen, der sich nach und nach zu einer Ikone entwickelte und immer wieder Fragen zu seinem Glauben und seiner Einstellung zu Gott beantworten musste. Das dürfte ihn verwundert haben, denn er hatte nie an einem Gottesdienst teilgenommen, seinen Söhnen den Religionsunterricht verweigert und bis zu seinem Tode an seiner Konfessionslosigkeit festgehalten. Er hatte immer betont, dass seine wissenschaftlichen Theorien mit jeder Weltanschauung verträglich seien, daneben aber auch gewusst und in einer eleganten Formulierung betont, dass »Wissenschaft ohne Religion lahm und Religion ohne Wissenschaft blind« sei.

Am liebsten hätte der Physiker Einstein Gott aus dem Spiel gehalten, aber die Verhältnisse hatten es nicht zugelassen. Im Frühjahr 1929 warnte zum Beispiel ein amerikanischer Kardinal seine Gemeinde vor dem Studium der Relativitätstheorie, da sie seiner Ansicht nach Gott und die Schöpfung bezweifle und gottlose Gedanken in ihr stecken würden. Dies brachte den Rabbiner von New York dazu, Einstein ein Telegramm zu schicken, das er vor seiner damals geplanten USA-Reise beantworten sollte, weil man sonst gegen seinen Besuch demonstrieren würde. Der Rabbiner fragte in dem Telegramm (von dem wahrscheinlich viele Menschen, die im E-Mail-Zeitalter aufgewachsen sind, nie etwas gehört haben): »Glauben Sie an Gott? Stopp Bezahlte Antwort 50 Worte.« Einsteins Reaktion darauf ist berühmt geworden. Er telegrafierte folgenden Text mit knapp 30 Worten: »Ich glaube an Spinozas Gott, der sich in der gesetzlichen Harmonie des Seienden offenbart, nicht an einen Gott, der sich mit den Schicksalen und Handlungen der Menschen abgibt.«

Die Reise durch Amerika verlief gut und harmonisch. Einstein und seine Frau machten auch Halt in Kalifornien, wo sie die neuen Riesenteleskope besichtigten, die auf dem Mount Wilson in der Nähe des Caltech in Pasadena installiert worden waren. Nach der Besichtigung der eindrucksvollen Maschinerie fragte Einsteins Frau den Leiter des Observatoriums, wofür man solche großen Geräte brauche. »Um das Weltall zu erkunden«, bekam Frau Einstein als Antwort, worauf sie bemerkte: »Dafür reichen meinem Mann ein Bleistift und die Rückseite eines Briefumschlags.«

Einstein bezeichnete sich selbst als »kosmisch religiös«, und er liebte es, sich freundlich und liebevoll über den Herrn im Himmel zu äußern. Er hat das derart häufig getan, dass dem Schweizer Dichter Friedrich Dürrenmatt der Verdacht kam, dass Einstein unter der Hand als Theologe gewirkt habe. Diesen Eindruck kann tatsächlich bekommen, wer zu zählen anfängt, wie oft Einstein sich über Gott geäußert hat. Den Grund für diese Ausflüge in religiöse Sphären hat er einmal so beschrieben: »Was mich eigentlich interessiert, ist, ob Gott die Welt hätte anders machen können; das heißt, ob die Forderung der logischen Einfachheit überhaupt eine Freiheit lässt.« Und bei anderer Gelegenheit sagte er: »Ich möchte nichts als meine Ruhe haben und wissen, wie Gott die Welt erschaffen hat. Seine Gedanken sind es, die mich beschäftigen.«

Einstein vertrat explizit die Idee einer verständlichen Welt, in der Gott die Gesetze so versteckt hatte, wie es Eltern mit Ostereiern im Garten machen. Und so wie sie ihren Kindern beim Suchen zuschauen, betrachten die Götter wohlwollend und amüsiert ihre Menschenschar beim emsigen Forschen. Kein Wunder, dass Einstein der Meinung war, sich als Wissenschaftler sein Leben lang als Kind fühlen zu können. Diese Freiheit nahm er sich. An eine andere glaubte er nicht.

Zu Einsteins berühmten Sätzen mit theologischem Einschlag zählt die Bemerkung: »Raffiniert ist der Herrgott, aber boshaft ist er nicht«, womit er meinte, dass Gott die Gesetze der Natur nicht hinterlistig dort versteckt habe, wo man sie nicht finden könne. Wer diesen schönen Spruch von 1921 zitiert, sollte wissen, dass Einstein um 1923 seine Ansicht geändert und gesagt hat: »Ich habe noch einmal darüber nachgedacht. Vielleicht ist Gott doch boshaft.« Damals hatten astronomische Beobachtungen die ersten Hinweise darauf gegeben, dass die Milchstraße nicht das ganze Universum ausmachen könne und nur eine Galaxie neben anderen sei. In diese zuletzt von Einstein angedeutete Richtung hat auch der britische Astrophysiker Stephen Hawking gedacht, der in der populären Presse gerne zum modernen Einstein stilisiert wird. Der körperlich schwer beeinträchtigte Hawking hat das berühmte Diktum seines Vorbildes, nämlich »Gott würfelt nicht!« aufgegriffen und in den kecken Satz umgewandelt: »Gott würfelt doch, und er sorgt sogar dafür, dass die Würfel dorthin rollen, wo Menschen sie nicht finden können.«

Mehr Licht in sein Leben

Als die zivilisierte Welt am Ende des Ersten Weltkriegs auf das Ergebnis der Messungen wartete, mit denen Einsteins Vorstellungen von der Geometrie des Universums überprüft werden sollten, wurde er gefragt, was passieren werde, wenn das Ergebnis vorliege. »Wenn ich mit der Relativitätstheorie recht behalte«, antwortete Einstein, »werden die Deutschen sagen, ich sei Deutscher, und die Franzosen, ich sei Weltbürger. Erweist sich meine Theorie als falsch, werden die Franzosen sagen, ich sei Deutscher, und die Deutschen, ich sei Jude.«

Auf die Frage, warum Einstein viel besser als andere die Geometrie der Welt erfassen konnte, kann man als Antwort zwei Erfahrungen geben, die er als Kind sowie als Jugendlicher gemacht hat. Zu seiner Kindheit schrieb Einstein in einer Skizze mit dem Titel *Autobiographie* von 1949 nach einleitenden Bemerkungen Folgendes: »Es ist mir nicht zweifelhaft, dass unser

Denken zum größten Teil ohne Verwendung von Zeichen (Worte) vor sich geht und dazu noch unbewusst. Denn wie sollten wir sonst manchmal dazu kommen, uns über ein Erlebnis zu ›wundern‹? Ein Wunder solcher Art erlebte ich als Kind von 4 oder 5 Jahren, als mir mein Vater einen Kompass zeigte. Dass diese Nadel in so bestimmter Weise sich benahm, passte so gar nicht in die Art des Geschehens hinein, die in der unbewussten Begriffswelt Platz finden konnte. Da musste etwas hinter den Dingen sein, das tief verborgen war. [...] Im Alter von 12 Jahren erlebte ich ein zweites Wunder ganz verschiedener Art: an einem Büchlein über Euklidische Geometrie. Da waren Aussagen, die mit solcher Sicherheit bewiesen werden konnten, dass ein Zweifel ausgeschlossen schien. Diese Klarheit und Sicherheit machte einen unbeschreiblichen Eindruck auf mich.«

Und zu seiner Zeit als Jugendlicher sagte er: »Der normale Erwachsene denkt über die Raum-Zeit-Probleme kaum nach. Das hat er seiner Meinung nach bereits als Kind getan. Ich hingegen habe mich geistig derart langsam entwickelt, dass ich erst als Erwachsener anfing, mich über Raum und Zeit zu wundern. Naturgemäß bin ich dann tiefer in die Problematik eingedrungen als die normal veranlagten Kinder.«

Tatsächlich hatten sich Einsteins Eltern bereits über die späte Sprachentwicklung ihres Sprösslings Sorgen gemacht, denn der kleine Albert zeigte wenig Neigung zum Reden. Er war fast vier Jahre alt, als er seine ersten Worte sprach – und dann auch gleich eine Beschwerde äußerte: »Die Milch ist zu heiß.« – »Aber Albert«, rief seine Mutter, »warum hast du denn bis jetzt nichts gesagt?« – »Bis jetzt war doch alles in Ordnung und auch die Milch nicht zu heiß«, so Einsteins Antwort.

Aus diesen Geschichten ist zu ersehen, dass Einstein nicht nur ein Meister seiner Wissenschaft, sondern auch ein Meister seiner (deutschen) Sprache war. Selbst wenn seine Formulierungen beim ersten Hören oder Lesen sperrig wirken, lohnt es sich dennoch, sie ganz langsam aufzunehmen. In seinem schon erwähnten Wunderjahr 1905 beschrieb Einstein zum Beispiel seine später mit Nobelehren ausgezeichneten Überlegungen über »die Erzeugung und Umwandlung des Lichts«. Er schlug vor, die jahrhundertealte Auffassung, Licht breite sich kontinuierlich als Welle aus, durch die erstaunliche Annahme zu ergänzen, die Energie des Lichts bestehe aus »in Raumpunkten lokalisierten Energiequanten, welche sich bewegen, ohne sich zu teilen« und die dadurch »nur als Ganzes absorbiert und erzeugt werden können«.

Schon wahr, ein kniffliger Satz, den man mehrfach lesen sollte, aber er ist zu Recht als der »revolutionärste« Satz bezeichnet worden, der je von einem Physiker des 20. Jahrhunderts zu Papier gebracht worden war – und dieses starke Attribut stammt von dem sprachmächtigen Einstein selbst, weshalb seine physikalische Einsicht zur sorgfältigen Lektüre empfohlen wird. Mit diesen »in Raumpunkten lokalisierten Energiequanten«, die »sich bewegen, ohne sich zu teilen« und die heute Photonen heißen, beginnt für Einstein ein fünfzigjähriges Nachdenken über die Frage: »Was ist Licht?« Es bleibt vergeblich, er kommt dem Geheimnis nicht näher. Kurz vor seinem Tod im Jahr 1955 gibt er endgültig auf, wie er seinem Freund Michele Besso schreibt, um hinzuzufügen: »Heute meint zwar jeder Lump, er verstehe, was Licht ist, aber er irrt sich.«

Noch einmal zur Sprache: Einstein war wie gesagt ein Meister der Sprache und hat sogar eine kleine Sammlung von Aphorismen geschrieben. Sie sind Leo Baeck gewidmet, der charaktervollen Leitfigur des deutschen Judentums im 20. Jahrhundert, und finden sich in *Mein Weltbild.* Hier einige wunderbare Beispiele: »Um ein tadelloses Mitglied einer Schafherde sein zu können, muss man vor allem ein Schaf sein.« Oder: »Wer es unternimmt, auf dem Gebiet der Wahrheit und der Erkenntnis als Autorität aufzutreten, scheitert am Gelächter der Götter.« Und weiter: »Die Majorität der Dummen ist unüberwindbar und für alle Zeiten gesichert. Der Schrecken der Tyrannei ist indessen gemildert durch Mangel an Konsequenz.«

In Einsteins Aufsätzen finden sich immer wieder Sätze, die es lohnt, auswendig zu können, um sie sich beim Spazierengehen nachdrücklich in Erinnerung zu rufen. In einem Text über *Geometrie und Erfahrung* heißt es zum Beispiel: »Insofern sich die Sätze der Mathematik auf die Wirklichkeit beziehen, sind sie nicht sicher, und insofern sie sicher sind, beziehen sie sich nicht auf die Wirklichkeit.«

Einstein hatte sowohl Anlass, die Wissenschaft zu loben – »Wenn auch die Öffentlichkeit den Einzelheiten der wissenschaftlichen Forschung nur in bescheidenem Maße folgen kann, so hat sie doch ein Großes und Wichtiges gewonnen – das Vertrauen in die Sicherheit des menschlichen Denkens und in die Gesetzlichkeit des Naturgeschehens« –, als auch Grund gehabt, Aspekte von ihr zu kritisieren: »Mancher Wissenschaftler kommt mir vor, als suche er in einem Brett den dünnsten Fleck und bohre dann durch diese ohnehin schon dünne Stelle möglichst viele Löcher. So entstehen seine wissenschaftlichen Abhandlungen.« Er wusste genau: »Ein Wissenschaftler ist eine Mimose, wenn er selbst einen Fehler gemacht hat, und ein brüllender Löwe, wenn er bei einem anderen einen Fehler entdeckt.«

Einsteins Einsichten reichen weit über die Physik hinaus und vielfach in die Philosophie hinein. Sie haben sogar die Fähigkeit, Irrtümer großer Denker aufzudecken, zum Beispiel die des berühmten Philosophen Immanuel Kant. In seiner *Kritik der reinen Vernunft* heißt es, Raum und Zeit seien »Anschauungsformen a priori«, können also durch keine Erfahrung (a posteriori) beeinflusst werden. Genau dafür hat Einstein aber gesorgt: Gerade mit Hilfe von Erfahrungen (und geometrischen Gedankenexperimenten) war es ihm gelungen, zwar uralte, aber trotzdem irrtümliche Anschauungen zu korrigieren. Der Raum besaß nicht die (euklidische) Geometrie, die Kant als a priori gegeben und unverrückbar bestimmt ansah, und die Zeit war ebenfalls nicht die absolute Größe, die der Philosoph in ihr sah, sondern vom Raum und sogar von der Energie abhängig.

Eigentlich ist im Anschluss an die von Einstein bestimmten oder zumindest von ihm beeinflussten Entwicklungen der Relativitätstheorie und der Quantenmechanik eine sehr wichtige Aufgabe entstanden, nämlich das von Kant gestellte Grundproblem der Erkenntnistheorie erneut aufzurollen. Es gilt, in aller Schärfe noch einmal das zu trennen, was von unserer Erkenntnis aus der Erfahrung und was aus unserem

Denkvermögen entspringt. Nach Einstein und den Naturwissenschaften wird der Teil unseres Denkens, der bei Kant »reine Vernunft« heißt, trotz der philosophischen Festlegung doch durch die täglichen Erfahrungen geformt (und demnach offenbar beschmutzt). Was die Philosophie als a priori einstufte, erwies sich in der Wirklichkeit der Physik als a posteriori, auch wenn man immer noch warten muss, dass die reinen Denker dies akzeptieren.

Einstein selbst rechnete nicht damit, dass die zeitgenössischen Philosophen sich an diese Aufgabe machten, die eine Kenntnis der Physik voraussetzte. Sie bildeten seiner Ansicht nach eher so etwas wie die selbstzufriedene »Landeskirche der Kantianer«, wie er es nannte, deren Vertreter nicht die alte Höhe der Vernunft erreichten: »Der Kant«, schrieb er einmal, »ist so eine Landstraße mit vielen, vielen Meilensteinen, und dann kommen die kleinen Hunderln, und jeder deponiert das Seinige an den Meilensteinen.«

Das heißt, Gefallen an dem, was Kant geschrieben hat, konnte Einstein schon finden. Während ihm die Texte manch zeitgenössischer Philosophen so vorkamen, als seien sie im trunkenen Zustand verfasst worden, schätzte er Kants Formulierungen und übernahm sie auf seine Weise. Aus der berühmten Feststellung: »Begriffe ohne Anschauung sind leer, Anschauung ohne Begriffe bleibt leer«, zimmerte Einstein seine

Überzeugung: »Religion ohne Wissenschaft ist leer, Wissenschaft ohne Religion ist lahm.«

In der Schule

Oft äußerte Einstein drastische Ansichten, so zum Beispiel in der Weihnachtsnummer, die im Dezember 1917 als Morgenausgabe des *Berliner Tagblatts* erschien. Hier konnte man einen kleinen Beitrag von ihm mit dem Titel *Der Angsttraum* lesen. Er endet mit der Forderung, die Reifeprüfung abzuschaffen, die Einstein für unnütz und schädlich zugleich hielt. Es heißt wörtlich: »Für unnütz halte ich [die Reifeprüfung], weil die Lehrerschaft einer Schule die Reise eines jungen Mannes, der die Schule mehrere Jahre besucht hat, ohne Zweifel wird beurteilen können.« Und »für schädlich halte ich [sie] aus zwei Gründen.« Zum einen nennt er die »Examensangst« sowie »die große Menge des gedächtnismäßig zu assimilierenden Stoffes«, die beide Schaden für die Gesundheit vieler junger Menschen mit sich brächten; zum anderen führt er den Tatbestand an, dass die bevorstehende Reifeprüfung »das Niveau des Unterrichts in den letzten Schuljahren herabsetzt«. Statt sich mit der Sache zu beschäftigen, konzentrierten sich die Lehrer auf die »äußerliche Abrichtung« der Schüler. Statt sich um eine Vertiefung des Stoffs zu bemühen, kümmere man sich um den »äußerlichen Drill, der der Klasse vor den Examinatoren einen gewissen Glanz verleihen soll. Darum fort mit der Reifeprüfung«. So Einstein 1917 in Berlin.

Apropos Schule: Es gehört zu den nicht aus der Welt zu schaffenden Gerüchten, dass Einstein ein schlechter Schüler gewesen sein soll. Natürlich war er kein ehrgeizig büffelnder Knabe, und wie alle Teenager hasste er das sinnlose Pauken und den stupiden Drill der Prüfungen, aber seine Noten waren trotzdem gut. Im Lateinischen hatte er mindestens eine 2, im Griechischen zeigten seine Zeugnisse stets eine 2, in der Mathematik schwankten die Bewertungen anfangs zwischen 1 und 2, um schließlich bei einer 1 anzukommen. Auch beim Studium zeigte er sich auf der Höhe der Anforderungen; seine Lehrer bemängelten etwas anderes: »Sie sind ein gescheiter Junge«, wird einer seiner Dozenten in Zürich zitiert, »aber Sie haben einen großen Fehler. Sie lassen sich nichts sagen.« Im heutigen Sprachgebrauch würde man Einstein als antiautoritär bezeichnen. Er fand alle, die sich als Autorität aufspielten, eher zum Lachen, was sein Leben als Schüler im Kaiserreich nicht leichter machte. (Einstein hat es übrigens als Strafe des Herrn empfunden, dass er später selbst zu einer Autorität werden sollte.)

Wie konnte dann aber das Gerücht des schlechten Schülers Einstein in die Welt kommen? Ganz einfach:

Einstein war eine Zeit lang in der Schweiz zur Schule gegangen, und hier werden Noten als Punkte gegeben. Einser in Deutschland entsprechen sechs Punkten in der Schweiz, und genau die stehen in seinem Zeugnis. Leider hatte sein erster Biograph dies nicht gewusst, und so konnten die Menschen vom schlechten Schüler Einstein lesen – eine Vorstellung, die besonders all jenen gefiel, die selbst ohne glänzende Zeugnisse dastanden. Ihre schlechten Noten ließen ihnen so die Hoffnung, doch noch ein Einstein werden zu können. Da die Hoffnung zuletzt stirbt, wird auch das Gerücht bleiben, bis wir nichts mehr zu lesen haben.

Einstein und der Nobelpreis

Dieses Thema enthält drei Überraschungen. Zum Ersten hat Einstein die Auszeichnung der Schwedischen Akademie nicht für seine Relativitätstheorien, sondern für seine frühen Beiträge zur Quantenphysik bekommen. Zum Zweiten war Einstein im Jahr der Preisverleihung (1921) auf Weltreise: An dem Tag, an dem seine Auszeichnung bekannt gegeben wurde, sprach er gerade in der alten japanischen Hauptstadt Kyoto, und es freute ihn diebisch, damit der Verpflichtung enthoben zu sein, zur Entgegennahme des Preises selbst nach Stockholm reisen zu müssen. Allerdings ahnte er nicht, was er damit diplomatisch auslösen würde. Die Schwedische Akademie bat nämlich den deutschen Botschafter, an Einsteins Stelle Medaille und Urkunde entgegenzunehmen, worauf der Amtsträger gerne einging – trotz seiner Kenntnis, dass Einstein Schweizer Staatsbürger war. Zwar protestierten die Eidgenossen, aber die deutsche Regierung erklärte: »Einstein ist Reichsdeutscher«, obwohl der Laureat, der auf einmal »Doppelstaatler« war, davon nichts wusste und auch nichts wissen wollte.

Die dritte Überraschung hat mit dem Preisgeld zu tun. Für Einstein war es nur eine Frage der Zeit gewesen, bis er die Auszeichnung bekommen würde. Um seiner Frau die Einwilligung in die Scheidung zu erleichtern, hatte er ihr schon im Sommer 1918 die dazugehörige beträchtliche Summe in Schwedenkronen versprochen. Sie stellte in den Jahren nach dem Ersten Weltkrieg eine stabilere Währung als die Reichsmark dar, mit der in Berlin sein Gehalt gezahlt wurde.

Wie gesagt – mit den Nobelehren versehen wurde Einstein wegen seiner frühen Beiträge zur Quantentheorie, also der Physik, die laut ihren Mitschöpfern wie Niels Bohr oder Wolfgang Pauli erst dann das Wirkliche zu erfassen schien, wenn sie verrückt genug war. Das hatte auch der ansonsten hochvernünftige Einstein gespürt. Als er in den frühen Jahrzehnten des 20. Jahrhunderts in Prag weilte und sich mit der entstehenden neuen Theorie der Atome befasste, hatte man ihm ein Büro zugewiesen, aus dessen Fenster man in einen Hof blicken konnte, der zu einer Anstalt für geistig behinderte oder verwirrte Menschen gehörte. Wenn diese Patienten dort spazieren gingen und Einstein einen Besucher in seinen Räumen hatte, führte er ihn mit den Worten ans Fenster: »Da, schauen Sie mal. Das sind die Verrückten, die sich nicht mit der Quantentheorie beschäftigen.«

»Warum Sozialismus?«

1949 hatte sich Einstein in einem Aufsatz die Frage gestellt: *Warum Sozialismus?*, und geantwortet: »Unzählige Zungen verkünden seit geraumer Zeit, dass sich die Gesellschaft im Zustande einer Krise befinde und dass ihre Stabilität ernstlich erschüttert sei. Merkmal eines solchen Zustandes ist es, dass die einzelnen Individuen der engeren und weiteren Gemeinschaft, welcher sie angehören, sich gleichgültig oder gar feindlich gegenüberstehen. Um kurz zu illustrieren, wie ich das meine, erzähle ich folgendes Erlebnis: Ich sprach mit einem intelligenten und gut gearteten Menschen über die Gefahr eines den Fortbestand der Menschheit ernstlich bedrohenden Vernichtungskrieges und darüber, dass nur eine internationale Organisation einen wirklichen Ausweg biete. Da sagt der Mann in großer Ruhe zu mir: ›Warum sind Sie denn so sehr dagegen, dass die Menschen von der Erde verschwinden?‹ Noch vor hundert Jahren hätte nicht so leicht jemand eine solche Äußerung getan. Es ist die Äußerung eines Menschen, der vergeblich nach einem inneren Gleichgewicht gestrebt und der mehr oder weniger die Hoffnung verloren hat, ein solches Gleichgewicht zu erlangen. Es ist der Ausdruck einer schmerzhaft empfundenen seelischen Vereinsamung, der in unserer Zeit so viele zum Opfer fallen. Was ist die Ursache? Gibt es einen Ausweg?«

Der klügste Mensch der Welt

Wenn es einen Physiker gibt, der neben den klassischen Heroen Einstein und Bohr und dem Chefzyniker Pauli ein eigenes Kapitel verdient hat, dann ist es der aus New York stammende Richard Feynman. Der im Laufe seines Lebens von vielen Kollegen und Studenten bewunderte und gefeierte Nobelpreisträger hat so viele anekdotische Momente generiert, dass damit bereits einige Bücher gefüllt worden sind. Am bekanntesten ist wohl der Band *Surely You're Joking, Mr. Feynman!*, der »Adventures of a Curious Character« verspricht und das auch hält. Der Titel der kuriosen Abenteuer gibt die Antwort einer britischen Lady wieder, die den in England als Gast weilenden Feynman zum Tee eingeladen und ihn dann gefragt hat, ob er seinen Tee mit Milch oder Zitrone nehme. Auf die Antwort »both«, also »beides«, des geistesabwesenden Feynman, reagierte die Dame entsetzt: »Das meinen Sie doch sicher im Scherz, Herr Feynman!«

Gescherzt hat Feynman gerne, nicht nur als junger Physiker, sondern auch in reiferen Jahren, wo er sich nicht zuletzt deshalb auf die Kunst – konkret auf das Malen und Zeichnen – eingelassen hat, weil er einem Künstler gegenüber seine Ansicht konkret verdeutlichen wollte: »Die zeitgenössische Kunst taugt nichts.

Jedes Kind kann es besser machen.« Also fing das Spielkind Feynman an zu zeichnen, und als er seine Fertigkeiten immer weiter verbessern konnte, gelangen ihm sogar Arbeiten, die es wert waren, in einer Ausstellung präsentiert zu werden. Eine der Zeichnungen, die Feynman als Übung im Schattieren begonnen hatte, zeigt das Porträt eines nackten Modells, das auf der Seite liegt und von unten beleuchtet wird. Als man Feynman um einen Titel für die Ausstellung bat, wählte er voll Ironie: *Madame Curie, die Strahlung von Radium beobachtend.* Als einer der Besucher beim Betrachten der Zeichnung Feynman fragte, ob er nach Fotos oder nach lebenden Modellen zeichne, meinte der Angesprochene ganz lässig, er arbeite nur mit lebenden Modellen, was den Kunstliebhaber offenbar als Auskunft befriedigte. Wie und woher sollte er auch wissen, wer die 1934 verstorbene Madame Curie war, der das Wort »Radioaktivität« zu verdanken ist und die als erste Frau 1903 den Nobelpreis für Physik erhalten hat? So oder so, gekauft hat er Feynmans Zeichnung nicht.

Was Bilder angeht, so hat Feynman immer betont, dass sie in seinem Innenleben eine Rolle spielen, da »Visualisierungen einen zentralen Bestandteil meines Denkens ausmachen«. Wenn er etwa über Elektronen in Atomen nachdenke, dann sehe er »vage Bilder, die mit Symbolen vermischt sind«, wobei Feynman sich leider keine Gedanken über die Herkunft dieser zur Physik beitragenden Imaginationen gemacht und vielleicht auch gar nicht gewusst hat, dass Johannes Kepler im 17. Jahrhundert ebenfalls mit inneren Bildern zu seinen astronomischen Einsichten gekommen war. Kepler hatte allerdings noch gewusst, aus welcher Quelle sie gekommen waren, nämlich aus seiner Seele. Sie waren aus seiner Seele emporgestiegen, um die von außen kommenden Wahrnehmungen der Welt zu treffen und mit ihnen den Einklang zu erreichen. Feynman agierte rationaler und möglichst mit mathematischen Symbolen, bei denen er erneut etwas Eigenwilliges erlebte: »Ich sehe bei Gleichungen die Buchstaben stets farbig«, und »wenn ich eine Vorlesung halte, tanzen vage Bilder mit gelbbraunen, leicht bläulich violetten und dunkel braunen Buchstaben vor meinen Augen, und ich frage mich dabei, wie zum Kuckuck sie wohl für die Studenten aussehen mögen.«

Was übrigens seine Vorlesungen anging, so bereitete er sich stets extrem sorgfältig vor, auch wenn es immer so aussah, als würde ihm spontan einfallen, was er gerade sagte. Feynman konnte sein Lampenfieber erst ablegen, wenn er loslegte. In jungen Jahren musste er in Princeton einmal sogar einen Vortrag über seine Doktorarbeit halten, bei dem er zu seinem Entsetzen Pauli und Einstein unter den Zuhörern erblickte. Er schwitzte gewaltig und seine Hände zitterten ungemein, als er mutig ans Rednerpult trat, »aber dann geschah ein Wunder, und es ist immer wieder in meinem Leben geschehen, und das ist ein großes Glück für mich: In dem Augenblick, in dem ich anfange, über die Physik nachzudenken und mich auf das konzentrieren muss, was ich erkläre, ist mein Bewusstsein mit nichts anderem beschäftigt – ich bin vollkommen dagegen gefeit, nervös zu sein. Nachdem ich losgelegt hatte, wusste ich schlicht nicht mehr, wer in dem Raum war.«

Lektionen von Feynman

Feynman hat den Nobelpreis für Physik für seine Beiträge zu einer Theorie bekommen, die als die genaueste Theorie der Welt bekannt ist, nahezu vollkommen das Wechselspiel von Licht und Materie erfasst und sich Quantenelektrodynamik nennt, was sich schön QED abkürzen lässt. Aber Feynman hat immer über sein Spezialgebiet hinausgeschaut. Er gehörte zu den begnadeten Wissenschaftlern, die ihre ganze Disziplin in ihrer Vielfalt überblicken konnten. In den 1960er-Jahren hielt er am Caltech seine inzwischen legendären *Feynman Lectures of Physics*, die in drei leuchtend roten Bänden erschienen sind und seit Jahrzehnten unverändert immer wieder neu aufgelegt werden. Bewunderer zitieren die Texte daraus wie Bibelstellen – Buch 1, Kapitel 37, Abschnitt 2, um nur ein Beispiel zu nennen.

Wie der zynische Pauli bot auch der fröhliche – fun loving – Feynman gerne Wetten an. Mit einer von ihnen forderte er Ingenieure und Techniker heraus, »room at the bottom« zu finden, womit er konkret meinte, einen elektrischen Motor zu konstruieren, der kleiner als ein Prozent eines amerikanischen Zolls (»inch«) sein sollte (was bald locker gelang und heute Routine ist). Eine weitere Wette betraf die Frage, ob es Feynman gelänge, sich nach dem Nobelpreis weiter auf die Wissenschaft zu konzentrieren und Angeboten für lukratives Grüßen aus dem Weg zu gehen. Feynman blieb da aber ebenso hart wie bei seiner Ablehnung von Ehrendoktorwürden, die er wie folgt begründete: »Ich erinnere mich noch an die Arbeit, die ich leistete, um an der Universität Princeton einen echten Doktorgrad zu erwerben, und an die Typen, die auf dem Podium standen und akademische Grade ehrenhalber verliehen bekamen, ohne dass sie irgendetwas dafür geleistet hätten. Damals gelangte ich zu der Überzeugung, dass ein ›ehrenhalber verliehener akademischer Grad‹ eine Pervertierung der zugrundeliegenden Idee ist. Es ist so, als erteilte man einem Elektriker die ›Zulassung ehrenhalber‹.«

Die Challenger-Katastrophe

Nicht abgelehnt hat Feynman gegen Ende seines Lebens die Bitte des amerikanischen Präsidenten Ronald Reagan, sich an den Untersuchungen zum Unglück der Raumfähre »Challenger« zu beteiligen, bei dem im Januar 1986 sieben Astronauten ums Leben gekommen waren. Es sollte dabei auch geklärt werden, wie sich allgemein die Sicherheitsmaßnahmen der US-Raumfahrtbehörde NASA verbessern ließen. Feynman erkundigte sich zunächst bei dem in der Nähe seiner Universität gelegenen Jet Propulsion Laboratory in Pasadena und erfuhr von den wissenschaftlichen Mitarbeitern, dass erfahrene Techniker schon länger auf Mängel hingewiesen hatten, vor allem bei raffinierten Gebilden, die als O-Ringe bezeichnet wurden und die Aufgabe hatten, die Segmente der Rakete abzudichten. Besonders größere Temperaturschwankungen schienen dem Material zuzusetzen.

Beim weiteren Nachprüfen stellte Feynman fest, dass die ungewöhnlich tiefen Temperaturen, die in Florida in der Nacht vor dem schicksalhaften Start an einem Wintertag geherrscht hatten, den Ausschlag für das Unglück gegeben haben konnten. Die Techniker hatten ihren Chefs geraten, den Start zu verschieben und so lange zu warten, bis es nachts nicht mehr so kalt und hinreichend warm wäre, was jedoch nicht geschehen war.

Die Anhörungen der Experten der Challenger-Untersuchung wurden im Fernsehen übertragen, und so besorgte sich Feynman für seinen Auftritt neben dem O-Ring eine Klammer und ein paar Zangen und bestellte eine Karaffe mit Eiswasser nebst einigen Gläsern. Als er an der Reihe war, entfernte er mit der Zange ein Stück O-Ring und tauchte es mit Hilfe der Klammer in das Eiswasser. So demonstrierte er dem Publikum, dass das Material dabei seine Elastizität verlor und deswegen die ihm zugedachte Aufgabe am vorgesehenen Tag des Flugs nicht mehr erfüllen konnte. Zwar hatten Experten, so Feynman, schon länger auf dieses Problem hingewiesen und die oben zitierte Empfehlung eines neuen Termins gegeben, aber starke nationale, politische und kommerzielle Interessen waren über diese Bedenken angesichts einer erwartungsvollen Öffentlichkeit einfach hinweggefegt, was Feynman zu seinem inzwischen legendären Schlusssatz führte: »Eine erfolgreiche Technik setzt voraus, dass der Wirklichkeitssinn Vorrang vor Werbung bekommt, denn die Natur lässt sich nicht hereinlegen.«

Feynmans Frauen

Als der 1918 geborene Feynman in den frühen 1940er-Jahren in Los Alamos mit am Manhattan-Projekt zum Bau der Atombombe arbeitete, musste er erleben, wie seine Frau Arlene, die große Liebe seines Lebens, an Tuberkulose starb. Als Reaktion darauf stürzte er sich zuerst voll auf seine wissenschaftliche Aufgabe, um kurze Zeit danach auf der Straße zusammenzubrechen. Er hatte in einem Schaufenster ein Kleid gesehen, das Arlene seiner Ansicht nach gefallen hätte.

In den folgenden Jahren darf Feynmans Umgang mit Frauen als komisch bezeichnet werden. Er verbrachte viel Zeit in Bars, heiratete ein zweites Mal und ließ sich scheiden. Erst mit seiner dritten Frau Gweneth kam Ruhe in diesen privaten Teil seines Lebens. Die beiden bekamen Kinder und konnten kurz vor Feynmans Tod sogar Silberhochzeit feiern. Als eine Zeitung Feynman noch zu seinen Lebzeiten zum »klügsten Mann der Welt« erklärte, reagierte Gweneth äußerst nüchtern: »Wenn er der klügste Mann der Welt ist, dann helfe uns Gott.«

Im Lande Serendip

Serendip – so lautet eine alte Bezeichnung für die Insel Ceylon, die sich heute Sri Lanka nennt. 1745 bemerkte der britische Schriftsteller Horace Walpole über ein Märchen mit dem Titel *The Three Princes of Serendip*, dass darin von Menschen erzählt wird, die etwas finden, auch wenn sie es gar nicht gesucht haben. Seitdem gibt es im Angelsächsischen den Ausdruck Serendipity. Er wird in der Wissenschaft benutzt, wenn jemand (zufällig) eine Entdeckung macht, hinter der er eigentlich gar nicht her war – und wer Anekdoten zur Wissenschaft sucht, wird im Lande Serendip fündig werden.

Die erste Geschichte spielt im Berlin der wilden Zwanzigerjahre. Bei Albert Einstein traf ein auf Englisch verfasstes Manuskript ein, in dem die Ableitung der berühmten Strahlenformel angegeben war, mit deren Hilfe Max Planck im Jahre 1900 die berühmten Quantensprünge einführen konnte oder eher musste. Um solch eine Herleitung hatten sich die Größen der europäischen Physik seit Jahren vergeblich bemüht – und nun kam plötzlich Post von dem unbekannten Physiker Satyendra Bose aus Indien, der das Problem gelöst zu haben schien. Einstein machte sich höchstpersönlich an die Übersetzung des Aufsatzes, doch er bemerkte, dass dem jungen indischen Absender ein im klassischen Sinne dummer Fehler unterlaufen war. Allerdings – das merkte Einstein auch: Das Ergebnis von Bose war richtig, und das bedeutete, dass der scheinbare Fehler eine tiefe Einsicht in die Quantenwelt enthalten musste: Während klassische Physiker einzelne Partikel als unterscheidbare (winzige) Billardkugeln betrachteten, hatte Bose die atomaren Teilchen als ununterscheidbar behandelt und ihnen damit ihre Identität genommen, auch wenn ihm das gar nicht klar gewesen war. Auf die Idee, ein Elektron nicht von einem anderen unterscheiden zu können, war bislang kein europäischer Physiker gekommen. Damit hatte Bose – ohne es zu wollen – eine Besonderheit der atomaren Wirklichkeit erfasst und verständlich werden lassen. Sie ist heute als Bose-Einstein-Statistik bekannt und konnte vor einigen Jahren in Form einer Bose-Einstein-Kondensation bei tiefen Temperaturen nachgewiesen werden. Daran war unter anderem der deutsche Physiker Wolfgang Ketterle beteiligt, wofür er 2001 den Nobelpreis für Physik erhielt.

Die zweite Geschichte beginnt im 17. Jahrhundert, als Jesuiten ein Mittel gegen Malaria von Südamerika nach Europa brachten. Es stammte aus der Chinarinde und bekam den Namen Chinin. 1820 ermittelten Chemiker seine molekulare Struktur, und nach 1850 wurde das Fiebermittel so begehrt, dass sich viele Forscher an die Arbeit machten, um es zu synthetisieren und Geld mit seinem Verkauf zu verdienen. Einer von ihnen war der Brite William Henry Perkin. Er begann mit dem Ausgangmaterial Anilin und addierte Kohlenstoffe und Wasserstoffe in verschiedenen Mengen, ohne wirklich zum Ziel zu kommen. In einem letzten Versuch fügte er ein kräftiges Oxidationsmittel (Kaliumdichromat) hinzu, was aber nur einen hässlich schwarzen Rückstand ergab. Resigniert wollte Perkin aufgeben und nur noch seine Gläser spülen, als er bei dieser Tätigkeit eine intensive Violettfärbung bemerkte, die in den Ausguss lief. Perkin hielt inne, sammelte das Material auf und prüfte nach, ob sich mit diesem Stoffe färben ließen. Und die Antwort war: Ja. Perkin hatte somit zwar kein Fiebermittel hergestellt, aber einen Farbstoff entdeckt, den er Mauve nannte und der ihn durch seine industrielle Anwendung reich machte. Heute bekommen Blue Jeans damit ihr attraktives Aussehen.

Eine dritte Geschichte handelt von den ersten Versuchen, gespendete Samenzellen einzufrieren. Gesucht wurde eine Methode, mit der ihre Fruchtbarkeit erhalten werden konnte. In einer Versuchsreihe aus dem Jahre 1948 wurde den Samenzellen erst Fruktose und dann noch andere Zucker zugesetzt, um sie anschließend bei -79°C einzufrieren. Doch nach dem

Auftauen waren alle Proben tot – bis auf eine Ausnahme: Bei einer Probe waren die Samenzellen quicklebendig. Durch eine genaue Analyse stellte sich heraus, dass diese Probe keinen Zucker enthielt. Bei der Rekonstruktion der Versuchsabläufe zeigte sich, dass der Assistent bei dieser Probe die falsche Flasche erwischt hatte. Er hatte neben die Flasche mit der Zuckerlösung gegriffen und eine Lösung aus Glycerin, Albumin und Wasser erwischt, die ursprünglich anderen Zwecken dienen sollte. Doch dieser »Fehlgriff« konnte zeigen, dass für das Leben oder Überleben von Zellen Glycerin entscheidend ist, worauf damals kein Mediziner ohne den glücklichen Zufall gekommen wäre.

Eine vierte Geschichte spielt im 19. Jahrhundert. 1866 gab es in Niederländisch-Indien (einem Vorläufer der Republik Indonesien) eine große Beriberi-Epidemie, und einige erfahrene Ärzte versuchten, ein Bakterium als Verursacher der Nervenkrankheit, die 600 Jahre zuvor zum ersten Mal in China beschrieben worden war, ausfindig zu machen. Bald sah es so aus, als ob sie die richtigen Keime gefunden hätten. Den Rest der Arbeit konnten sie also ihrem Assistenten überlassen, dem 30-jährigen Niederländer Christiaan Eijkman. Er sollte die suspekten Bakterien isolieren, die Versuchstiere – in diesem Fall Hühner – infizieren, aus dem erkrankten Federvieh die Bakterien zurückgewinnen und mit ihnen einen neuen Zyklus starten, um zu beweisen, dass Beriberi tatsächlich eine Infektionskrankheit sei. Doch die Versuche funktionierten nicht wie gedacht. Irgendetwas stimmte mit den kränkelnden Hühnern nicht, und als der holländische Pathologe und Hygieniker schon am Verzweifeln war, geschah das Wunder: Alle kranken Tiere wurden eines Tages plötzlich gesund. Als Eijkman fieberhaft nach dem Grund suchte, konnte er feststellen, dass in der Küche, die das Essen sowohl für die Menschen als auch für die Hühner lieferte, ein anderer Koch das Sagen hatte. Eijkman ging der Sache nach und entdeckte, dass der alte Koch den Hühnern geschälten (»polished«) Reis gegeben hatte, der neue Koch hingegen ungeschälten Reis verwendete. Dieser musste also etwas enthalten, was die kranken Hühner geheilt hatte. So fand Eijkman heraus, dass es nicht Bakterien waren, die die Krankheit verursachten, sondern das Fehlen eines Stoffes, der in geschältem Reis nicht enthalten, für das Funktionieren von Nervenzellen aber entscheidend war. Man nahm an, dass es sich dabei um ein Molekül handeln musste – und der fehlende Faktor konnte 1912 identifiziert werden. Er heißt seitdem Vitamin B, hat Beriberi als Vitaminmangelerkrankung verstehen und zugleich therapieren lassen und Eijkman 1929 den Nobelpreis für Medizin eingebracht.

Noch eine Geschichte aus dem 19. Jahrhundert: 1895 war in Deutschland die Entdeckung der Strahlen durch Conrad Röntgen gelungen – der auf die Frage eines Reporters, was er im entscheidenden Moment gedacht habe, bloß geantwortet haben soll: »Ich dachte nicht, ich untersuchte« – was 1896 in Paris bekannt wurde. Hier untersuchte Henri Becquerel Uransalze, die bei Lichteinfall leuchteten, und er tat dies bald in der Hoffnung, sie durch Energiezufuhr dazu zu bringen, auch Röntgenstrahlen abzugeben. Zunächst musste er dafür den Einfluss des Sonnenlichts studieren. Er wickelte eine photographische Platte in ein schwarzes Tuch und stellte Kristalle aus Uransalz darauf, um ihr Bild zu bekommen. Doch dann bedeckte sich der Himmel, und tagelang schien keine Sonne. Um aber wenigstens ein Ergebnis notieren zu können, entwickelte Becquerel die Platte trotzdem. Zu seiner Überraschung zeigte sie den Kristall so deutlich, als wenn die ganze Zeit die Sonne geschienen hätte. Er zog sofort den richtigen Schluss, der 1903 mit dem Nobelpreis für Chemie belohnt werden sollte: Uran strahlt selbst. Es zeigt »Radioaktivität«, wie seine bereits bekannte Doktorandin namens Marie Curie als Bezeichnung vorschlug, die ebenfalls 1903 mit dem Nobelpreis ausgezeichnet werden sollte, und zwar den für Physik – den für Chemie hat sie aber auch noch bekommen, und zwar 1911.

Eine letzte Geschichte aus dem Lande Serendip beginnt im Jahre 1889, als sich die zwei in Deutschland tätigen Mediziner Josef von Mering und Oskar Minkowski für die Rolle der Bauchspeicheldrüse interessierten. In ihren Versuchen entnahmen sie Hunden das entsprechende Organ mit der Absicht, den dadurch erzielten Einfluss auf die Verdauung zu untersuchen. Lange Zeit dümpelten die experimentellen Arbeiten so vor sich hin, ohne dass etwas von Bedeutung beobachtet werden konnte. Eines Tages meldete ein Laborassistent sogar ein besonders Ärgernis: Ein Hund hatte auf den Boden des Laboratoriums gepinkelt, und nun schwärmten massenhaft Fliegen um den Urin herum. Doch Minkowski und von Mering wunderten sich und nahmen sich vor, der Sache auf den chemischen Grund zu gehen. Als sie den Urin analysierten, stellten sie fest, dass er reich an Zucker war. Der erste Schritt zum Verständnis von Diabetes war gemacht, denn nun wusste man, dass die Ursache der Zuckerkrankheit ein Stoff aus dem Pankreas sein musste. Heute ist auch bekannt, woraus er besteht: aus dem Hormon mit Namen Insulin. Doch die Geschichte seiner Entdeckung sorgt bis heute für Streit unter den Historikern, und auch bei der dazugehörigen Verleihung des Nobelpreises gab es eher unverdiente als verdiente Laureaten, weswegen in diesem heiter gehaltenen Buch nicht weiter darauf eingegangen werden soll.

Übrigens – die Zuckerkrankheit heißt so, weil der Urin eines Betroffenen Zucker enthält und süß schmeckt. Dies hatten Ärzte spätestens im 17. Jahrhundert entdeckt, als einige von ihnen den Mut hatten, den Urin eines Patienten mit der Zunge zu probieren. Unter Medizinern kursiert die folgende Geschichte: In einer Vorlesung weist ein Professor seine Studenten darauf hin, dass es manchmal, um einer Krankheit auf die Spur zu kommen, nötig sei, seinen Widerwillen gegen einen unangenehmen Test zu überwinden. Er nimmt ein Gefäß Urin, taucht einen Finger hinein, kostet und sagt: »Wenn Sie dabei etwas Süßes wahrnehmen, können Sie auf Diabetes schließen.« Er bittet die Studierenden, nach vorne zu kommen und es ihm nachzutun. Während dieser Prozedur beobachtet er, wie die Gesichter der Probierenden jeweils den Ekel erkennen lassen. Am Ende bedankt sich der Mediziner bei seinem Publikum, um dann hinzuzufügen: Als Arzt oder Ärztin müsse man nicht nur rücksichtslos gegenüber dem eigenen Widerwillen sein und seine Abneigungen im Dienste der Gesundheit überwinden, vielmehr müsse man auch gut beobachten können. Und wer ihm eben genau zugesehen hätte, dem hätte auffallen können oder müssen, dass er zwar den Zeigefinger in den Urin gesteckt, dann aber den Mittelfinger in seinem Mund abgeleckt habe.

Ein Exkurs auf Seite 137

Gewöhnlich glaubt der Laie, dass Physiker rational denkende Forscher seien, die mit mythischen oder mystischen Themen nichts anfangen könnten. Aber es gibt eine Ausnahme, und die hängt mit der Zahl 137 zusammen. Sie wird auch als kosmische Zahl bezeichnet, als Urzahl am Grund des Universums, über die der amerikanische Historiker und Wissenschaftsphilosoph Arthur I. Miller ein ganzes Buch geschrieben hat – *137*.

Zunächst ganz nüchtern die physikalischen Tatsachen: Bei der Beobachtung der Spektrallinien, die das Licht erkennen und vermessen lassen, das von Atomen ausgeht, war schon früh aufgefallen, dass einzelne dieser Linien aus mehreren Linien bestehen, der sogenannten Feinstruktur. Wenn man die ursprünglichen Linien durch Anwendung eines Magnetfeldes breiter aufspaltet, bleibt diese inhärente Feinstruktur erhalten, was den Physiker Arnold Sommerfeld zu der schönen Bemerkung veranlasste, dass die Natur die Feinstruktur der Linien »ohne unser Zutun« liefere.

Sommerfeld machte sich an eine Erklärung und kam dem Phänomen auf die Spur, als er Einsteins (kosmische) Relativitätstheorie mit dem Atommodell von Niels Bohr verquickte. Der Abstand zwischen den feingetrennten Spektrallinien ließ sich durch eine seltsame Zahl bestimmen, die Sommerfeld »Feinstrukturkonstante« nannte, mit dem griechischen Buchstaben α (Alpha) bezeichnete und als Kombination von elementaren physikalischen Konstanten berechnen konnte. Man kann die elektrische Elementarladung, die Lichtgeschwindigkeit, die Größe der von Max Planck eingeführten Quantensprünge (das Quantum der Wirkung) und die seit Urzeiten bekannte Kreiszahl π so kombinieren, dass eine Zahl ohne eine Dimension entsteht, und diese Zahl wurde bald als 137 berühmt (wobei in manchen Darstellungen der Kehrwert 1/137 auftaucht). Mit ihr haben sich viele Physiker auseinandergesetzt, die meinten, mit dieser Zahl seien das Kleinste (das Atom) und das Größte (der Kosmos) miteinander verwoben, aber bald zeigte sich, was selbst Einstein »eine Offenbarung« nannte, dass nämlich, mit Millers Worten ausgedrückt, die Feinstrukturkonstante »alle Existenz zusammenhielt«. Würde ihr Zahlenwert nur minimal von 137 abweichen, hätte sich kein Leben entwickeln können, weil zuvor sämtliche Kohlenstoff- und Sauerstoffatome auf allen Sternen im Universum vernichtet worden wären.

Spätestens hier schenkte auch Wolfgang Pauli der 137 seine Aufmerksamkeit, von der er hoffte, dass die Naturwissenschaften mit ihrer Hilfe »aus sich selbst heraus einen Gegenpol« zu den Vertretern der alten Mystik hervorbringen würden, »der an die alten mystischen

Elemente« anknüpfte. Entsprechend kursierte bald ein Witz über eine Begegnung zwischen dem irdischen Physiker Pauli und seinem himmlischen Herrn: Als sich die beiden treffen, erlaubt Gott Pauli, jede beliebige Frage zu stellen, und der Erdenmensch entscheidet sich für »Warum 137?« Gott holt eine Tafel und fängt schwungvoll an zu erklären, bis Pauli ihn unterbricht und auf einen Fehler in der Ableitung hinweist. Der Herr im Himmel sieht ein, dass da tatsächlich etwas falsch ist und gibt weitere Erklärungsversuche auf – und so bleibt die gestellte Frage ohne Klärung.

Natürlich ist die 137 eine Primzahl, und offenbar lässt sie dank der Spektren »die Sphärenmusik des Atoms« erklingen, wie Sommerfeld einmal ungewohnt enthusiastisch schrieb. Max Born erklärte 1955 »die Erklärung dieser Zahl zur wichtigsten Aufgabe der Naturwissenschaften«, die selbst Richard Feynman nicht bewältigen konnte, der dafür vom »größten Geheimnis der Physik« sprach und die Feinstrukturkonstante als eine »magische Zahl« charakterisierte, die aus seiner Sicht »das menschliche Erkenntnisvermögen übersteigt«.

Pauli wusste, dass die 137 mit der hebräischen Kabbala zusammenhängt, dem Buch der jüdischen Weisheitslehre. Im alten Hebräisch wurden Buchstaben mit Zahlen verbunden, und wer die Quersumme des Wortes »Kabbala« berechnet, bekommt 137. Und so weiter, könnte man sagen und an Wortbeispielen nachrechnen, aber dann passierte etwas im Dezember 1958: Pauli brach in seinem Seminar zusammen und musste ins Züricher Spital gebracht werden, wo man Bauchspeicheldrüsenkrebs diagnostizierte. Als ihn am nächsten Tag sein Assistent besuchte und ihn fragte, ob er die Zimmernummer bemerkt habe, antwortete Pauli tief durchatmend: »Sie lautet 137!« Und er fügte hinzu: »Hier komme ich nicht mehr lebend heraus.« Er ist dann auch in dem Zimmer gestorben.

Die Faszination für die 137 bleibt ungebrochen, und sei es nur, dass sie manche Physiker stolz auf den Nummernschildern ihrer Autos durch die Gegend fahren. Eine geheimnisvolle Zahl, die den Mikrokosmos mit dem Makrokosmos verbindet, die das Leben in beiden Sphären erlaubt und die man immer vor Augen oder im Rücken haben will.

Die Schönheit der Schraube

Nachdem sich die Physiker an der Schönheit von Einsteins Gleichungen erfreuen durften, konnten die Biologen schon kurz vor seinem Tod und erst recht mit vollem Schwung danach damit beginnen, sich an der Schönheit einer Schraube zu berauschen, und zwar jener, die im Zentrum des Lebens einer Zelle zu stehen schien. Es war sogar eine Doppelschraube, die 1953 im Cavendish-Laboratorium im britischen Cambridge das Licht der wissenschaftlichen Welt erblickte. Gemeint ist die Doppelhelix, mit der das Aussehen eines Makromoleküls mit Namen DNA beschrieben werden konnte, das den Stoff ausmacht, aus dem die Gene bestehen. Sich ausgedacht und vorgeschlagen hatten die elegante Doppelhelix ein junger Amerikaner namens James Watson und ein etwas älterer Brite namens Francis Crick, die dafür 1962 mit dem Nobelpreis für Medizin ausgezeichnet wurden. So feierlich es bei der Feier in Stockholm zuging, so überschwänglich reagierte das erfolgreiche Paar in Cambridge, als sie die elegante Struktur das erste Mal vor Augen hatten. Mit wedelnden Armen und in rasendem Tempo rannten sie aus dem Laboratorium hinaus und hinein in die an der Straßenecke liegende Kneipe *Eagle*, wo sie jedem, der es hören wollte, verkündeten: »Wir haben das Geheimnis des Lebens gelüftet.«

Auch wenn heute klar ist, dass die Doppelhelix eher das Geheimnis des Lebens selbst ist, das Watson und Crick meinten gelüftet zu haben, ist der Jubel gut zu verstehen – zum einen deshalb, weil auch andere Wissenschaftler sich in einem engen Rennen um die Struktur der DNA bemüht hatten und nun mit leeren Händen dastanden, zum anderen, weil die Arbeiten im England der Nachkriegsjahre ausgeführt worden waren, und die Politik für das viele Geld, das sie in die Forschung investiert hatte, endlich Ergebnisse aus heimischen Laboratorien mit britischer Beteiligung sehen wollte.

Als haushoher Favorit beim Rennen um die Struktur der DNA hatte eigentlich der US-amerikanische Chemiker Linus Pauling gegolten, und das Duo Watson/Crick hatte jeden Morgen zitternd in der Post nachgesehen, ob Pauling ihnen in einem Schreiben mitgeteilt hatte, wie er das Problem gelöst und ihnen damit den Preis weggeschnappt habe. Eines Tages im Jahre 1952 kam tatsächlich eine Arbeit von Pauling, in der er einen Vorschlag für die Struktur der DNA machte. Watson krampfte sich der Magen zusammen, er hatte das Gefühl, in den Boden und in die Bedeutungslosigkeit zu versinken. Doch bei der sorgfältigen Lektüre von Paulings Version einer genetischen Schraube konnte sich Watson allmählich wieder beruhigen, denn mit dem vorgeschlagenen Modell konnte etwas nicht stimmen: Bei der gezeigten Struktur konnte es sich chemisch nicht um eine Säure handeln, doch eine (schwache organische) Säure musste das genetische Material auf jeden Fall sein. Das war seit dem 19. Jahrhundert bekannt, als man im Zellkern die Kernsäuren entdeckt hatte, um die es jetzt ging. Watson überlegte fieberhaft: Es könnte natürlich sein, dass der große Pauling eine grundlegend neue Vorstellung entwickelt hatte, mit der sich erklären ließ, was einen chemischen Stoff zu einer Säure machte, aber dann hätte er nicht eine, sondern zwei Arbeiten geschrieben und zur Publikation eingereicht. In dem ersten Paper hätte Pauling souverän eine neue chemische Theorie der Säure vorgestellt, mit der er dann im zweiten Paper die Struktur der DNA geklärt und diese als Anwendungsbeispiel vorgeführt hätte. Da dies nicht der Fall war und er alles in einen Text gepackt hatte, so überlegte Watson, musste Pauling ein Fehler unterlaufen sein. Das war zwar schwer zu glauben, rettete Watson aber erst den Tag und dann die Geschichte der Watson-Crick-Doppelhelix.

Man muss sich den damals 25-jährigen Watson übrigens so strubbelig wie Einstein vorstellen, wobei es im Nachkriegsengland der 1950er-Jahre ungewöhnlich war, derart lange und wüste Haare zu tragen. Als

Watson gefragt wurde, warum er so herumlaufe, antwortete er, dass man ihn so nicht mit einem amerikanischen GI verwechseln könne. Aber auch sonst kleidete sich Watson unkonventionell, was man vor allem an seinen Schnürsenkeln sehen konnte, die die meiste Zeit offen umherbaumelten und selten ihren Zweck erfüllten. Als Watson im Sommer 1953 dazu eingeladen wurde, in einem Forschungsinstitut in New York den ersten öffentlichen Vortrag zu der von allen Kollegen längst bewunderten Doppelhelix zu halten, machte er auf den anwesenden französischen Molekularbiologen François Jacob folgenden Eindruck: »Mit wilderer Miene denn je, das Hemd aus der Hose hängend, die Beine nackt, die Nase in der Luft, die Augen aufgesperrt und mit kurzen Zwischenrufen die Bedeutung seiner Darlegungen unterstreichend, erläuterte Jim die Struktur.« Doch das Publikum zeigte sich begeistert, was in den Worten des ebenfalls staunenden Jacob so zum Ausdruck kommt: »Diese Struktur war von solcher Einfachheit, solcher Vollkommenheit, war so harmonisch und sogar schön, ihre biologischen Vorteile waren so eindeutig, so klar ersichtlich, dass man gar nicht auf die Idee kam, dass dabei etwas nicht stimmen könnte.«

Die Angst vor einem übersehenen Fehler quälte Watson noch einige Zeit, doch allmählich dämmerte ihm, dass er zusammen mit Crick eine Jahrhundertleistung für die Wissenschaft im Allgemeinen und für die Biologie im Besonderen vollbracht hatte. In den folgenden Jahren reifte in ihm der Gedanke, die Geschichte seines Erfolges aufzuschreiben, und 1968 erschien sein Buch mit dem Titel *Die Doppelhelix*. Dazu lassen sich zwei Anekdoten erzählen.

Die erste beginnt mit Watsons Schilderung der prüden Atmosphäre, die in den frühen 1950er-Jahren in Cambridge vorherrschend war. Als eher unberechenbarer Amerikaner hatte er in der englischen Universitätsstadt Mühe, überhaupt in die Nähe von Mädchen zu kommen. Umso erfreuter nahm er eines Tages zur Kenntnis, dass es demnächst einen amerikanischen Spielfilm in den Kinos geben sollte, in dem eine Schauspielerin nackt zu sehen sei. Watson eilte voller Erwartung in die Freitagsvorstellung, aber nur, um im Verlauf des Abends festzustellen, dass die Szene mit dem unbekleideten Star herausgeschnitten worden war. Er kehrte frustriert in seine winzige Bude zurück und machte sich am nächsten Tag wieder in das Laboratorium auf – um nach einigem Herumfummeln mit handlichen Bausteinen zu sehen, wie das genetische Material des Lebens aufgebaut war: als ein sich innig umarmendes Paar aus Molekülen, die genauso ineinander passten wie ein Schlüssel in ein Schloss. Am Anfang des Lebens, so konnte es Watson mit eigenen Augen sehen, stand die verschlungene Paarung von

Molekülen, die Natur nahm also sozusagen vorweg, was er als Mensch erst später selbst erleben sollte.

Die zweite Geschichte spielt 1968. *Die Doppelhelix* erscheint und sorgt mit ihrer ungewöhnlich freizügigen Darstellung des Wissenschaftsbetriebs dermaßen für Furore, dass das *Time Magazine* eine Titelgeschichte dazu plant und einen Fotografen zu Watson schickt. Die Aufnahmen werden gemacht, das Interview wird geführt, der Artikel geschrieben – und Watson wartet voller Spannung auf das Erscheinen des Heftes mit seinem Konterfei auf dem Titel. Am Vorabend des Erscheinens fährt er spätabends extra nach Manhattan, weil dort in den großen Bahnstationen schon die ersten Exemplare zu kaufen sind. Er rennt aufgeregt zu einem Kiosk – und sieht dort nicht sich auf dem Titelblatt, sondern den Führer der französischen Studentenrevolution, Daniel Cohn-Bendit. In Paris hatte es im Mai 1968 nämlich fast eine Revolution gegeben, die das ganze Land in Aufruhr versetzt und die Redaktion des *Time Magazine* dazu bewogen hatte, der Berichterstattung über diese dramatischen politischen Vorgänge den Vorrang vor der Doppelhelix einzuräumen.

Natürlich haben auch einige der hier vorgestellten großen Männer der Wissenschaft Watsons Bekenntnisbuch gelesen. Darunter Max Delbrück, der, auf die nicht zu überlesende Tatsache angesprochen, dass Watson ziemlich viele abschätzige Bemerkungen über seine Kollegen fallen gelassen habe, lächelnd meinte, ihn habe vor allem überrascht, wie schlecht Watson über sich selbst geschrieben habe; und Richard Feynman, der *Die Doppelhelix* in einer Nacht durchgelesen hatte und danach einem Freund gegenüber erwähnte, das Erstaunliche an dem Bericht sei, dass Watson an einem so fundamentalen wissenschaftlichen Fortschritt beteiligt gewesen sei, »ohne das Geringste von dem gewusst zu haben, was andere Wissenschaftler auf dem Gebiet machten«. Oder von Feynman anders ausgedrückt: Forscher wie er und Watson könnten nur dann einen Durchbruch erzielen, wenn sie nichts von dem zur Kenntnis nähmen, was alle anderen täten und sich ganz allein auf sich stellten.

Ein philosophischer Exkurs: Die doppelte Doppelhelix

Hier soll ein Exkurs über die Frage eingeschoben werden, was Kunst und Wissenschaft voneinander trennt bzw. was sie gemeinsam haben. Der Einschub verdankt sich der Lektüre eines Romans des Holländers Harry Mulisch, der beim ersten Lesen alles bietet, was ein naturwissenschaftlich schlagendes Herz erfreut. Im Mittelpunkt von *Die Prozedur* steht ein Mann, »dem es gelingt, wie Gott zu sein und toter Materie

Leben einzuhauchen«, wie der Klappentext verrät. Das mit Gott ist hintergründiger gemeint, als man denkt, denn der Roman handelt von dem Drama eines Biochemikers, dem es gelingt, aus toter Materie ein sich reproduzierendes Wesen zu machen, einen sogenannten Eobionten. Doch Victor Werker, so der Name des Wissenschaftlers, kann das Leben (allgemein verstanden) zwar erschaffen, das Sterben seines eigenen Kindes aber weder verhindern noch ertragen, wodurch er das Leben (speziell verstanden) verspielt.

Der Roman bietet Spannung auf vielen Ebenen und für den naturwissenschaftlich orientierten Leser das zusätzliche Vergnügen, von der modernen Genetik und ihren Bemühungen um den Ursprung des Lebens zu lesen. Doch so schön es ist, einem wissenschaftlich gebildeten Autor zu folgen, der sein Vergnügen am wissenschaftlichen Denken und Fortschreiten stets durchscheinen lässt, so deutlich wird leider auch, dass Mulisch der Prozess der Wissenschaft an einer entscheidenden Stelle fremd und unzugänglich zu bleiben scheint. Dieses tiefe Unverständnis teilt der Dichter trotz aller Sympathie für die Forschung mit vielen Menschen. Im Folgenden soll versucht werden, die Naturwissenschaften von einem schalen Beigeschmack zu befreien, der ihnen immer noch anhaftet und mit dem sie so zweitrangig bleiben, wie sie es in der kulturellen Bewertung bislang sind.

Mulisch lässt seinen Romanhelden Werker gerne von der Entdeckung der Doppelhelix erzählen, die im Jahre 1953 gelungen ist. Werker, selbst Jahrgang 1952, spricht ausdrücklich von einer »philosophischen Geburt«, die sich in diesem »entscheidenden Jahr der Mikrobiologie« vollzogen hat, als die Doppelhelix, »die Essenz allen Lebens«, in das Bewusstsein der Wissenschaft getreten ist. Die Geschichte ihrer Findung wurde von Watson in seinem oben erwähnten Buch *Die Doppelhelix* beschrieben, zu einem Zeitpunkt, »als die Revolution in Paris ihren Höhepunkt erreicht hat«, wie Werker schreibt und wie Watson schmerzlich zu spüren bekommen hat. Werker, der sich bis dahin hatte treiben lassen, wusste nach der Lektüre von *Die Doppelhelix* auf einmal genau, was er wollte: Die Atmosphäre von Forschung auf höchstem Niveau erleben, »die Irrwege, die Überraschungen, die Spannung, die Euphorie«. Mit anderen Worten: Die Wissenschaft war nach der doppelten Doppelhelix aus vielen Gründen faszinierend geworden, und sowohl die humanen als auch die sozialen Aspekte durften nicht unterschätzt werden. Watson war also nicht nur der Wissenschaftler, der die Doppelhelix entdeckt hatte, sondern auch ein Autor, und Werker überlegte nun, ob Watson dafür nicht »auch den Nobelpreis für Literatur verdient hätte«. Es folgt dann die katastrophale Fehleinschätzung, auf die es im Folgenden ankommt: »Wie dem auch sei«, so lässt Mulisch Werker ausführen, »wenn Watson und Crick die Struktur der DNA nicht entschlüsselt hätten, dann hätte es innerhalb der nächsten zwei, drei Jahre jemand anders getan – ... aber der hätte nicht anschließend dieses Buch geschrieben. Für meine [eigenen Forschungen] gilt das gleiche; aber wenn Kafka nicht den *Prozess* geschrieben hätte, dann wäre dieser Roman bis in alle Ewigkeit ungeschrieben geblieben. Kurzum, es ziemt uns, bescheiden zu sein.«

Ich befürchte, dass selbst viele naturwissenschaftlich tätige Leser diesen Zusammenhang von Kunst und Wissenschaft genauso sehen – und damit die Qualität ihrer eigenen Arbeit abwerten, ob sie es merken oder nicht. Sie denken: Was Doktor A heute nicht erreicht, wird morgen Doktor B oder spätestens übermorgen Doktor C erreichen. Nur was Dichter D heute schreibt, das könnte niemand anderes schreiben. Hinter diesem Vorurteil steckt die offenbar unverrückbare Ansicht, dass es zwar besondere »geniale« Menschen sind, die hinter der Kunst stecken, dass die Wissenschaft aber durch austauschbare Wesen vorankommt: Es sind nicht die Menschen, die Wissenschaft machen, es ist vielmehr die Wissenschaft, die Menschen (berühmt) macht – und Watson liefert das geeignete Beispiel.

Das Seltsame an der zitierten Stelle besteht darin,

dass Mulisch so denkt und schreibt, obwohl er die literarische Arbeit von Watson – seine zweite Doppelhelix – sehr hoch einschätzt. Der Vergleich zwischen der wissenschaftlichen Publikation von 1953 zur Struktur des Erbmaterials und Werken der Kunst ist nämlich ursprünglich verwendet worden, um Watsons autobiographischen Text von 1968 abzuwerten. Dem Biochemiker Erwin Chargaff, der selbst eine wichtige Rolle bei der Doppelhelix gespielt hat und auch in Watsons Geschichte auftaucht, gefiel die literarische Doppelhelix überhaupt nicht. In einer Rezension verbreitete Chargaff das Gerücht, dass Naturwissenschaftler uninteressante Leute seien, die im Vergleich zu Künstlern ein langweiliges Leben führten. Er erklärte auch, warum Künstler biographisch ergiebiger seien: Es gebe einen zentralen Unterschied zwischen den stets einmaligen Schöpfungen von Künstlern einerseits und den oft banalen Hervorbringungen von Naturwissenschaftlern andererseits. Und an dieser Stelle taucht in aller Deutlichkeit das Argument auf, dessen Nachhall drei Jahrzehnte später bei Mulisch zu lesen ist: *Timon von Athen*, so Chargaff, wäre nie geschrieben, *Les Demoiselles d'Avignon* wäre nie gemalt worden, wenn Shakespeare und Picasso nicht existiert hätten. Aber von welchen naturwissenschaftlichen Errungenschaften könnte Gleiches behauptet werden? Ist es nicht so, dass es Impfstoffe gegen die Tollwut ohne Pasteur und ein Atommodell auch ohne Bohr gegeben hätte?

Wer auf Partys oder bei anderen Gelegenheiten Chargaffs Ansicht zum Besten gibt, wird feststellen, dass ihm (fast) alle zustimmen werden – sogar Harry Mulisch, wobei er diese Ansicht vorsichtshalber einem Naturwissenschaftler in den Mund gelegt hat. Er verdeutlicht auf diese Weise, dass viele Forscher an die Einmaligkeit künstlerischer Schöpfungen und an die Zufälligkeit unabänderlicher wissenschaftlicher Entdeckungen glauben. Immerhin steigert Mulisch die Höhe des Vergleichs: Während Chargaff das schwächste Stück Shakespeares heranzieht, um der Arbeit von Watson und Crick den kleinsten Anspruch auf Qualität zu nehmen, wählt der Holländer immerhin ein Hauptwerk von Kafka.

Verwirrend bleibt, dass weder Mulisch noch andere Literaten selbst drei Jahrzehnte nach Chargaff gemerkt haben, dass der angestellte Vergleich nicht nur falsch, sondern sogar sinnlos ist. Schließlich wird da etwas miteinander verglichen, das nicht einmal im Ansatz zu vergleichen ist, nämlich ein Roman oder ein Theaterstück mit dem Ergebnis einer wissenschaftlichen Untersuchung. *Der Prozess* ist ein Roman und *Timon von Athen* ist ein Drama, die Doppelhelix ist eine Struktur. Auf der einen Seite stehen Werke, auf der anderen ein Inhalt – und wenn beides miteinander verglichen wird, kann nur Unsinn herauskommen. Doch warum hält sich dieses dumme Vorurteil so hartnäckig, und zwar auch unter intellektuell anspruchsvollen Poeten wie Mulisch? Ich denke, dass hier die Psyche zur Erklärung herangezogen werden muss. Mulisch lässt seinen Helden Werker am Ende des Zitats etwas von Bescheidenheit murmeln, und das heißt wohl, dass sich Wissenschaftler nicht einbilden sollten, die kreative Höhe von Dichtern und anderen Künstlern erreichen zu können. Offenbar wehrt sich unser kollektives Unbewusstes gegen das Eingeständnis, dass Wissenschaft schöpferisch und kreativ sein kann. Wir suchen falschen Trost bei dem Gedanken, dass Wissenschaften nur entdecken können, was schon da ist, ohne etwas zu erschaffen, während die Künste erschaffen können, was vorher nicht da war, ohne etwas zu entdecken.

In unserem Beispiel lautet also die konkrete Frage: War die Doppelhelix immer schon so, wie sie heute ist? Und war sie schon da, bevor Watson und Crick sie 1953 beschrieben haben? Wer hier rasch mit »Ja« antworten will, der sollte sich zuvor folgende Überlegungen durch den Kopf gehen lassen: Angenommen, jemand würde behaupten, die Doppelhelix hätte es schon vor Watson und Crick gegeben, dann müsste man fragen, wo sie denn davor gewesen war? Die Antwort kann nicht »in der Natur« oder »in einer Zelle« lauten, denn die Doppelhelix ist kein konkret gegebenes DNA-Molekül. Sie ist eine Abstraktion, ein Symbol, das den langwierigen Bemühungen vieler Biowissenschaftler, Physiker und Kristallographen zu verdanken ist. In der natürlichen Welt – in den Zellen unserer Körper – gibt es keine Art DNA-Molekül und erst recht nicht die Doppelhelix, die aus der Literatur bekannt ist und ihren ästhetischen Reiz als Symbol ausübt. Es wäre einfach falsch zu sagen, die Struktur der DNA war, was sie war, bevor Watson und Crick sie vorgelegt haben. Richtiger wäre es zu sagen, dass die Doppelhelix sowohl Schöpfung als auch Entdeckung ist und sich nicht in der Natur befindet, sondern in der Gedankenwelt und Literatur der Naturwissenschaft. Mit anderen Worten: Der Unterschied zwischen Entdeckung und Schöpfung hat in der Naturwissenschaft wenig philosophische Bedeutung. Naturwissenschaftler und Dichter repräsentieren die gleiche Höhe der Kultur – alles andere wäre falsche Bescheidenheit.

Erotische Induktion

Vielleicht war es gewagt, Watsons Bild von der molekularen Schraube als Umarmung zweier paarungswilliger Partner mit Vermutungen über die erotische Bedürftigkeit eines liebenswerten und phantasievollen

Biologen zu erhellen. Aber wer sich um die Wissenschaft vom Leben bemüht, hat dauernd mit Vermehrung und Sexualität zu tun. Ja, die gigantische Erfolgsgeschichte der Molekularbiologie ist gerade dadurch erst möglich geworden, dass man sie an Stellen gefunden hat, an denen man beides erstens nicht gesucht und zweitens nicht für möglich gehalten hat. Gemeint sind Bakterien und ihre Viren, die als Bakterienfresser auch Bakteriophagen oder kurz Phagen heißen (wie man es von einem Sarkophag her kennt, also dem Sarg, in dem im alten Ägypten die toten Pharaonen aufbewahrt wurden).

Um darauf zu kommen, dass Bakterien Sex haben, musste durch geeignete Experimente zuerst geklärt werden, dass Bakterien überhaupt Gene haben. Das mag heute banal klingen, war in den ersten Jahrzehnten des 20. Jahrhunderts aber nicht bekannt. Zwar waren die Erbelemente mit Namen Gene schon im 19. Jahrhundert beschrieben worden, aber dazu hatte man Organismen untersucht, die sich sexuell vermehrten – und arme Dinger wie die Bakterien mussten scheinbar ohne dieses Vergnügen auskommen, denn sie vermehrten sich offenbar nur durch Teilung. Dies war der Kenntnisstand zur Zeit des Zweiten Weltkriegs. Doch dann nahm die genetische Wissenschaft ihre entscheidende Wendung: Es wurde entdeckt, dass Bakterien Gene haben! Diesen Fund verdankt die Menschheit dem schon erwähnten Max Delbrück und dem italienischen Biophysiker Salvador Edward Luria, die in den 1940er-Jahren in den USA in einem Laboratorium bei New York zusammengefunden hatten.

Bei ihren Versuchen war ihnen eines Tages aufgefallen, dass die in besonderen Kulturen gezüchteten Bakterien beim Wachsen und Gedeihen neue Qualitäten bekamen und sich zum Beispiel so verändern konnten, dass sie den Phagen, die sie bislang gefressen hatten, Widerstand leisten und so weiterleben konnten. Die Frage war nun, was sich genau in den Bakterien geändert hatte, und die Vermutung war, dass es dort möglicherweise Gene gebe, die sich erst wandeln – mutieren – und dann den Bakterien als Mutanten neue Qualitäten geben konnten. Doch wie konnte man das herausfinden?

Luria experimentierte fröhlich drauflos in der Hoffnung, dass mehr Bakterien auch zu mehr Mutanten führten. Aber die Ergebnisse blieben in der Luft hängen. Dann stand er eines Abends vor einem dieser »einarmigen Banditen« oder »Slotmachines«, wie die Spielautomaten in den USA heißen, die man mit einem Geldstück füttert, woraufhin sich drei Kurbeln drehen, um nach ein paar Sekunden anzuhalten und ein Muster zu zeigen, mit dem man einen Gewinn erzielt hat – oder eben nicht, denn, die meiste Zeit geht

Delbrück und Luria im Sommer 1953 im Cold Spring Harbor Laboratory

der Einsatz beim Spiel verloren. Aber ab und zu zieht jemand das große Los und knackt den Jackpot. Dann rattern die Münzen nur so aus dem Spielautomaten heraus, und dies passierte genau in dem Augenblick, in dem Luria etwas verträumt und leicht beschwipst neben einer solchen Maschine stand und den Spielern zusah. In dem Moment fiel ihm ein, was an seinen Experimenten falsch gewesen war. Wonach er in der genetischen Lotterie der Bakterien gesucht hatte, waren die Hauptgewinner gewesen und nicht die Zellen, bei denen nicht viel passiert war. Er musste seine Bakterien so von den Phagen angreifen lassen – und sie dabei beobachten –, dass einige von ihnen den genetischen Jackpot knackten und der Experimentator die überlebenden Gewinner im Kampf gegen die Viren ermitteln und zählen konnte. Luria brauchte dazu einen ausgewiesenen Kenner der Statistik, und er rief Delbrück an, der doch Physik studiert hatte und sich mit zufälligen Abläufen auskannte. Dieser lieferte bald die erforderliche Theorie, und 1943 konnten die beiden in einer Gemeinschaftsarbeit den Beweis vorlegen, dass nicht nur die Bakterien Gene haben, sondern auch die Viren (Phagen), die sie angreifen. Der Aufstieg der Genetik in Form einer Molekularbiologie mit Viren und Bakterien – statt mit Mäusen und Fliegen – war jetzt nur noch eine Frage der Zeit.

Als Delbrück und Luria mit den Phagen experimentierten, konnte man diese winzigen Formen des Lebens zunächst noch nicht sehen. Doch in denselben Jahren entwickelten andere Wissenschaftler das heute als Elektronenmikroskop bekannte Instrument, mit dem auch bakterielle Viren sichtbar werden. Als Luria die ersten Bilder von ihnen sah und erkannte, dass die Dinger über Köpfchen, Beinchen und andere Elemente verfügten, rief er in seiner Begeisterung aus: »Mein Gott, die haben ja Schwänze.«

Mit den Schwänzen bohren die Phagen ein Loch in

die Außenwand der Bakterien, um anschließend ihr genetisches Material durch diese Öffnung zu schleusen und die Maschinerie der angegriffenen Zelle zu übernehmen. Dabei konnten sie auch ihre DNA in das genetische Material der Bakterien einschmuggeln und sich hier verstecken; in diesem Fall sprechen die Genetiker von einem Prophagen. An dieser Stelle kommen wir nun wieder auf den bereits erwähnten Franzosen Jacob zu sprechen, der zusammen mit seinen Kollegen in dem extra dafür eingerichteten Institut Pasteur in Paris zeigen konnte, dass es einen Weg gibt, dieses molekulare Dornröschen, also den friedlich schlummernden Phagen im Erbmaterial der Bakterien, wachzurütteln. Aber um diesen Weg gehen zu können, musste erst erkannt werden, dass Bakterien wie Menschen in zwei Formen existieren, die man dann auch Weibchen und Männchen taufte. Das Männchen spendet sein genetisches Material, und das Weibchen empfängt es – das dürfte den meisten Menschen vertraut sein. Durch geeignete Kreuzung der beiden Bakteriensorten konnten nun die in ihnen schlummernden Prophagen wieder freigesetzt und aus ihnen vermehrungsfähige Viren werden, und die französischen Forscher nannten diese Aktivierung liebevoll die »erotische Induktion« des Prophagen. Leider wurde dieser schöne Ausdruck einkassiert, als die Ergebnisse veröffentlicht wurden. In der Fachliteratur wurde daraus der eher steril klingende Ausdruck: »zygotische Induktion«.

Jacob und andere französische Molekularbiologen schauten im Laufe ihrer Arbeiten immer genauer hin, was passierte, wenn sich weibliche und männliche Bakterien trafen. Sie wollten wissen, ob es zu einer Kopulation käme, und stellten fest, dass so etwas tatsächlich passierte, nur ist in der scheuen Fachwelt dabei von »Konjugation« die Rede: Die männliche Spenderzelle streckt ein Schwänzchen – korrekt: ein Pilum – aus sich heraus und führt es dem Weibchen ein, um durch dieses molekulare Rohr genetisches Material strömen zu lassen. Das kommt einem doch irgendwie bekannt vor.

Die Versuchung war für Jacob zu groß, und so konzipierte er ein Experiment, das selbst in Fachkreisen als »Coitus-interruptus-Experiment« bekannt ist, ohne dass dies in wissenschaftlichen Publikationen jemals so genannt wird. In einem solchen Experiment wird dem Männchen Zeit gegeben, sein Pilum auszufahren und mit ihm einzudringen, um nach einer festgesetzten Zeit das Paar wieder auseinanderzuschütteln. So bekommt man auf der sachlichen Ebene die Gelegenheit, die Reihenfolge der Gene ausfindig zu machen, die das Männchen während der Kopulation bzw. Konjugation dem Weibchen zuschiebt. Es ist, als würde eine Spaghetti stückchenweise weitergereicht werden, auf der genetische Instruktionen hintereinanderliegen.

Es war damals viel los in der Biologie, und die Erkundungen der erotischen Induktion und die genetische Analyse des bakteriellen »Coitus interruptus« wurden in den Laboratorien in Paris von allen Beteiligten als Zeit der reinen Freude empfunden. Überall herrschte Hochstimmung, und der Autor dieser Zeilen wäre gerne dabei gewesen, um mitfeiern und so das Leben im Kleinen und Großen verstehen zu können.

Er wäre aber auch schon gerne einige Jahre zuvor dabei gewesen, als Jacob im Sommer 1959 vom französischen Staatspräsidenten Charles de Gaulle in den Elysée-Palast eingeladen worden war – aber nicht als erfolgreicher Molekularbiologe, sondern als Veteran des Zweiten Weltkriegs, in dem er jedoch nicht besonders heldenhaft gekämpft, sondern ihn schlicht überlebt hat. Nun stand er vor seinem Präsidenten, und zwischen den beiden Männern fand folgende Unterhaltung statt:

»Aha! Jacob! Freut mich, Sie wiederzusehen.« Pause. »Was tun Sie jetzt?«
»Ich bin in der wissenschaftlichen Forschung tätig, mein General.«
»Aha! Sehr interessant. In welchem Bereich?«
»Biologie, mein General.«

»Aha! Sehr interessant. Und womit beschäftigen Sie sich genau?«

»Mit Genetik, mein General.«

»Aha! Sehr interessant. Und wo arbeiten Sie?«

»Am Institut Pasteur, mein General.«

»Aha! Sehr interessant. Haben Sie, was Sie brauchen?«

»Nein, mein General.«

»Auf Wiedersehen!«

Jacob ließ sich durch dieses Desinteresse von höchster Stelle jedoch nicht aufhalten und machte seine Experimente, die manchmal so erfolgreich waren, dass er und seine Mitarbeiter in lauten Jubel ausbrachen und die ganze Truppe auf den Fluren des Instituts wie ein Haufen Verrückter wilde Freudentänze aufführte. Ihnen kam die Natur wie ein gütiges Mädchen vor, das sich immer wieder als großzügig erwies, wenn man es mit seiner Reinheit nicht allzu genau nahm.

Jacob agierte in seiner Leidenschaft nicht wie einer, der die Wahrheit sucht, sondern wie einer, dem die Wahrheit nachstellt und die ihn vorantreibt. Deutlich wird dies am Ende seiner Autobiographie *Die innere Statue*: Dort wird erzählt, wie Jacob an einem Winterabend das Institut verlässt und durch den Jardin du Luxembourg den Heimweg antritt, als er plötzlich die festlich geschmückten Geschäfte und die vielen fröhlichen Menschen bemerkt. Stimmt, es ist Weihnachten! Jacob stapft weiter durch den Schneematsch seinem Heim und seiner Familie entgegen. Es ist dunkel, es herrscht eine gespenstische Ruhe im Park, die sich auch des Molekularbiologen bemächtigt – und als er den Jardin du Luxembourg verlässt, fällt ihm ganz unvermittelt ein Experiment ein, mit dessen Hilfe er mehr über die Zellteilung verstehen könnte. Er könnte es einmal versuchen. »Ein ganz einfaches Experiment. Ich brauche nur …«

Eine Plaudertasche

In den 1960er-Jahren arbeitete der amerikanische Journalist Horace F. Judson als europäischer Korrespondent des *Time Magazine* in Paris und London, wo er die französischen und britischen Molekularbiologen kennenlernte, zum Beispiel die Herren Crick und Jacob. Judson zeigte sich von deren intellektuellen Qualitäten derart beeindruckt, dass er sein Leben änderte und sich zum Historiker der modernen Wissenschaft wandelte. Nach Hunderten von Interviews mit den Machern der modernen Genetik veröffentlichte er diese in seinem berühmten Buch *Der achte Tag der Schöpfung*, das 1979 erschienen und nach wie vor lesenswert ist. Judson macht darin deutlich, dass Wissenschaft von großartigen Menschen und stolzen Persönlichkeiten gemacht wird, von denen auf den folgenden Seiten einige Geschichten erzählt werden sollen. Dazu eignet sich unter anderem der eingangs erwähnte Francis Crick, der von vielen als der eigentliche Mastermind hinter dem rasanten Aufstieg der modernen Biologie angesehen wird. Dabei sollte man aber wissen, dass Crick im Zweiten Weltkrieg erst als Physiker – mit militärischen Aufgaben – gearbeitet hatte und dann sogar eine Dauerstellung im zuständigen Ministerium angeboten bekam – bis ihm etwas auffiel. Ihm fiel auf, dass er am Ende eines Tages immer nur davon plauderte, ob seine Wissenschaft, die Physik, in der Lage sei, das Leben zu verstehen. Und eines Abends auf einer Party, als Crick mal wieder beim fröhlichen Plaudern immer lauter wurde und sich darüber wunderte, wie und mit welchen Molekülen es das Leben fertigbrächte, seine Ordnung von Generation zu Generation weiterzugeben und im Laufe der Evolution gar zu vermehren, entschied er sich, sein wissenschaftliches Leben noch einmal von vorne zu beginnen und dem Geheimnis des Lebens auf die Spur zu kommen. Er gab seinen Job auf, ging ins Cavendish-Laboratorium, um dort eine Doktorarbeit über Molekülstrukturen anzufertigen, traf dabei Jim Watson, schenkte mit ihm zusammen der Welt die Doppelhelix und riet seitdem jedem aufstrebenden Wissenschaftler, den Plaudertest zu machen, wenn er sich fragte, in welche Richtung er sein Suchen lenken wollte.

Darüber hinaus empfahl Crick ehrgeizigen Biologen gerne, nicht den Unsinn zu glauben, der in der Bibel stehe. Bekanntlich wird dort davon berichtet, dass die Frau aus einer Rippe Adams hervorgegangen sei. Diese Erzählung erstaunte den jungen Francis, als er in einem Anatomiebuch die Rippen zählte und keinen Unterschied zwischen den Geschlechtern ausfindig machen konnte. Crick ärgerte sich derart über den religiösen Quatsch, dass er als bereits berühmter Biologe vorschlug, alle Kirchen zu schließen, um daraus Schwimmbäder zu bauen. Mit flüssigem Nass sei den Menschen mehr geholfen als mit den überflüssigen Predigten.

Als Crick zusammen mit Watson die Doppelhelix konzipierte, erzählte er seiner Frau von ihren Bemühungen, auf die kleinsten Dimensionen zu achteten. Odile Crick war künstlerisch begabt und zeichnete daraufhin nach den Vorgaben ihres Mannes die Doppelhelix, die dann 1953 in der publizierten Arbeit zur Struktur der DNA abgebildet und dabei zu einer Ikone der modernen Biologie wurde. Nie hat ein Molekül schöner ausgesehen, nie hat ein Kunstwerk unmittelbarer zur Entwicklung einer Wissenschaft beigetragen, denn niemand konnte sich dem Charme der gemalten Doppelhelix entziehen.

Der Triumph der schönen Schraube zeigte Crick, dass sich etwas, das im 19. Jahrhundert noch als vollkommen mysteriös erschienen war, durch eine molekulare Struktur einsichtig machen ließ – in diesem Fall das elementare Problem des Lebens, sich zu teilen und aus einer Zelle zwei zu machen. Dieser Erfolg spornte Crick dazu an, sich einem höheren Geheimnis zu widmen und dieses mit einem ebenso klar umrissenen Gebilde zu erfassen: dem Bewusstsein. Und obwohl auch andere Molekularbiologen der frühen Erfolgsphase nach Höherem strebten – und sich etwa der Wahrnehmung von Organismen oder ihren Verhaltensmöglichkeiten widmeten –, wollte niemand höher hinaus als Crick. Doch seine Suche nach einer molekularen Erklärung des Bewusstseins blieb vergeblich. Als der Amerikaner Seymour Benzer, einer der frühen Mitstreiter, der anhand von Untersuchungen an der Fruchtfliege namens Drosophila versuchte, die Genetik des Verhaltens zu verstehen, Crick vorwarf, zu hoch zu greifen, und ihn aufforderte, doch erst einmal die Frage zu beantworten, ob Fliegen ein Bewusstsein hätten, antwortete Crick etwas entnervt: »Ich bin nicht sicher, ob Seymour so smart wie eine Fliege ist, denn er kann mit Sicherheit nicht so elegant wie sie an der Decke landen.«

Fliegen und Pilze

Mit Benzer ist ein wichtiger Name der Wissenschaft gefallen, auch wenn er als einer der großen Forschergestalten des 20. Jahrhunderts von der Schwedischen Akademie, die jährlich die Nobelpreise vergibt, vergessen worden ist. Dabei hat er als blutjunger Physiker fast den Transistor erfunden und als ein immer noch junger Forscher zeigen können, dass ein einzelnes Glied der als molekulare Kette gebauten DNA-Doppelhelix reicht, um eine Mutation zu bewirken und einem Gen eine neue Funktion zu geben. Als Benzer in der Mitte der 1950er-Jahre daran arbeitete, publizierte er so viele Artikel, dass seine Kollegen ihn baten, er möge doch bitte das Wichtige unterstreichen. Sie könnten nicht den ganzen Tag damit verbringen, seine Veröffentlichungen zu lesen. Doch als Benzer dieser Aufforderung nachkommen wollte, merkte er, dass es so viel gar nicht zu unterstreichen gab. Außerdem lockte ihn längst eine kleine Fliege, die in seinem Nachbarlabor kreiste und viel mehr Verhaltensmöglichkeiten zeigte als Bakterien, deren Leben sich darauf beschränkte, sich zu teilen. Benzer träumte davon, die Genetik des Verhaltens oder des Gehirns – und zwar das einer Fliege – verstehen zu können. Er hat später einmal erzählt, wie er seinen Entschluss, den Bakterien den Rücken zu kehren, gefasst hat: »Wenn dir jeder sagt, so etwas solltest du nicht anfangen, dann sollte man besser darauf hören und sich anders entscheiden. Wenn dir jeder sagt, das solltest du auf jeden Fall machen, dann sollte man vielleicht auch zögern, sich auf den neuen Weg zu begeben. Wenn aber eine Hälfte meint, dass das Projekt eine tolle Idee sei, während die andere dich für verrückt erklärt, dann sollte man sich auf keinen Fall aufhalten lassen und den anvisierten Weg einschlagen.«

Als Benzer anfing, nach Mutationen von Fliegen zu fahnden, deren Verhalten auffällig war, bekam er Besuch von seiner Mutter, die ihn fragte, was er mache. Er antwortete: »Ich versuche das Gehirn einer Fliege zu verstehen«, was seine Mutter dazu veranlasste, einen Kollegen zu fragen, ob alles mit Seymours Gehirn in Ordnung sei oder ob man sich Sorgen um ihren Sohn machen müsse.

Natürlich verfügt eine winzige Fliege über noch viel winzigere Nervenzellen, aber Benzer hoffte, dass man mit den Genen und ihren Mutationen gewissermaßen ein Skalpell in die Hand bekommen könnte, um sie zu sezieren und so das Hirngewebe zu verstehen. Er gab zwar zu, ein idealer Organismus für seine Zwecke »müsste riesengroße Neuronen haben, sich wie wild und äußerst schnell vermehren und in der Lage sein, das Klavierspielen zu lernen«, aber solange es den nicht gebe, müsse man es mit der Fruchtfliege Drosophila versuchen. Benzer ist dies insgesamt sehr gut gelungen, wobei die Gemeinde der Genetiker allein schon deshalb auf Nachrichten aus seinem Laboratorium wartete, weil Benzer den Mutanten so hübsche Namen gab. Eine Fliege, deren Hirngewebe sich am Ende der Entwicklung voller Löcher zeigte, nannte er »Schweizer Käse«, eine andere, die etwas länger lebte als normal, nannte er »Methusalem«, und eine weitere, die sich nichts merken konnte, nannte er »Dummkopf« (oder »Dunce« im amerikanischen Englisch). Am meisten lachten die Fliegenforscher, als sich eine Mutante unter den Männchen fand, die den Geschlechtsakt mit einem Weibchen beginnen konnte, dann aber festsaß. »Stuck« wurde das kleine Wesen genannt, das zappelte und zappelte und von einem einsichtigen Biologen aus seiner misslichen Lage befreit werden musste.

Bei der Suche nach einem geeigneten Organismus kann man aber auch gravierenden Irrtümern aufsitzen. Nach Ansicht vieler Biologen ist Delbrücks Wechsel von den Bakterien und Viren zu dem Pilz Phycomyces ein Beispiel dafür. Delbrück selbst schrieb kurz vor seinem Tod in sein Tagebuch, er sei »sick at heart at the unsolved state of the problem«, und damit meinte er sein fehlendes Verständnis für eine Kette von Signalen, die wie das Licht erst von außen kommen, dann aufgenommen und umgewandelt und schließlich in eine überlebensnotwendige Reaktion des Organismus überführt werden. Vor allem verstand er trotz aller Mühe nicht, wie es das kleine Pilzchen schaffte, Gegenständen auszuweichen. Mit welchem Signal beginnt die »Avoidance response«, wie Delbrück die Ausweichbewegung nannte? Wird das zu vermeidende Objekt gesehen, gehört, gerochen, gespürt, geahnt oder was? In seiner Verzweiflung ließ er sogar Experten für Außersinnliches in sein Labor, die verkündet hatten, sie könnten das Verhalten des Pilzes beeinflussen. Sie konnten es natürlich nicht, und so bekam Delbrück die oben erwähnten Herzschmerzen. Dabei hätte eine gute Freundin von ihm, die ebenfalls mit dem Nobelpreis ausgezeichnete Genetikerin Barbara McClintock, einen guten Rat für ihn gehabt. McClintock versuchte stets, »a feeling for the organism« zu entwickeln, den sie verstehen wollte. Ein Gefühl für den Pilz hätte verhindert, was McClintock zufolge passiert, wenn man ein Lebewesen nur als Modellorganismus wahrnimmt und sich nicht weiter auf dieses einlässt. Deswegen konnte das kleine Ding den großen Mann foppen – »the organism fooled Max«, wie Barbara McClintock dem Autor dieser Zeilen einmal verraten hat, um zu erläutern, warum Delbrück so lange vergeblich nach dem Signal gesucht hat, mit dem der Pilz seinen Weg ins Offene finden konnte.

Es kann durchaus passieren, dass biologisch orientierte Wissenschaftler eine besondere Nähe zu ihren Forschungsobjekten entwickeln – und dass genau das das von ihnen beackerte Gebiet voranbringt. So geschehen bei Thomas Hunt Morgan, der zu Beginn des 20. Jahrhunderts die Fruchtfliege, die Seymour Benzer in den letzten Jahrzehnten seines Lebens fasziniert hatte, in die genetische Forschung einführte. Hier sollte nicht unerwähnt bleiben, dass Morgan ursprünglich als Embryologe gearbeitet hat und die Ergebnisse nicht glauben konnte, die nach 1900 an die Arbeiten von Gregor Mendel Anschluss fanden und verkündeten, Gene seien kleine Partikel in den Zellen. Morgan, der die Formenvielfalt der embryonalen Entwicklung des Lebens bewunderte, konnte sich nicht vorstellen, dass kleine Klötzchen dafür verantwortlich sein sollten. Er machte sich an den Versuch der Widerlegung, aber nur um einzusehen, dass es tatsächlich Gene als Teilchen in den Fliegen – genauer: in ihren Zellen – gab. Bei seinen Untersuchungen tauchte plötzlich in Morgans Laboratorium eine Drosophila mit weißen – statt mit normalen roten – Augen auf. Sein Herz pochte vor Aufregung, und das Pochen wurde heftiger, als es ihm gelang, das mutierte Männchen mit einem normal rotäugigen Weibchen zu paaren.

Wer will, kann ausgehend von dieser erfolgreich durchgeführten Kreuzung die Geschichte der sich bald ungeheuer dynamisch entwickelnden Genetik verfolgen – doch das soll hier unterbleiben, um stattdessen eine schöne Anekdote zu erzählen: Morgan ging derart vorsichtig mit dem weißäugigen Männchen um, dass er das wertvolle Exemplar in einem Glas mit nach Hause nahm und neben sein Bett stellte, um es zu bewachen. Morgan sagte seiner Frau, das Männchen sehe so schwach aus und brauche dauernde Aufsicht. Seine Gattin zeigte Verständnis und erkundigte sich am nächsten Morgen, wie das Schätzchen die Nacht verbracht habe: »Alles in Ordnung mit der Fliege?«

Und noch etwas

Es stellt naturgemäß keine Überraschung dar, dass bei Biologen mehr von Paarung, Zeugung, Nachwuchs und dem dazugehörigen Liebesleben die Rede ist als bei Physikern. Doch auch Letztere können und wollen ihren Spaß haben, wenn sie forschen. Richard Feynman hat einmal gesagt: »Wissenschaft ist wie Sex, manchmal kommt etwas Sinnvolles dabei heraus, aber das ist nicht der Grund, warum wir es tun.«

Wie gesagt, Sex stellt naturgemäß keine Überraschung dar. Und trotzdem musste ich mir verwundert die Augen reiben, als ich 1980 von dem todkranken

Max Delbrück gebeten wurde, seine Biographie zu schreiben. Trotz seiner körperlichen Schwächen hielt Delbrück einige Tage in seinem Haus im kalifornischen Pasadena durch, um mit mir über das Buchprojekt zu sprechen. Nachdem ich zugestimmt hatte, wollte ich mich verabschieden, um nach Deutschland zurückzukehren, als Delbrück plötzlich etwas einfiel. »Wie kannst du mein Leben beschreiben«, fragte er mich mit kaum hörbarer Stimme, »wenn du nichts von meinem Sexleben weißt?« Eine gute Frage. Ich denke bis heute über sie nach.

In der guten alten Zeit

Mit den Fliegen, die Morgan in seinem Laboratorium und in seinem Schlafzimmer umhegte, kommen die Anfänge des 20. Jahrhunderts in den Blick. Auf Seiten der Genetik hatte das Jahrhundert damit begonnen, dass die Regeln der Vererbung, die ein Mönch bereits um 1865 zum ersten Mal bemerkt und gemeldet hatte – leider vergebens unter dem Ausschluss der uninteressierten Öffentlichkeit –, erneut in den diesmal aufmerksamen Blick der Wissenschaft kamen und die dafür zuständigen Elemente den heute noch gebräuchlichen Namen »Gene« erhielten. Der Schöpfer des schönen Worts, der Botaniker Wilhelm Johannsen, wollte unbedingt »Gene für« sagen können, wofür ihm viele Menschen bis heute dankbar sind. Sie können damit nämlich so herrlich gedankenlos von Genen für Untreue, für das Böse, für das Unternehmertum, für Musikalität und für ähnlichen Unsinn schwätzen und jede Schuld für das eigene Versagen auf diese Klötzchen im Körper schieben. Auch Witze gibt es über sie zu erzählen: »›Treffen sich zwei Gene. Was sagen sie zueinander?‹ – ›Halogen!‹« Natürlich versteht man die Antwort am besten, wenn man schon einmal auf das Periodensystem der Elemente geschaut hat, wo fast alles zu finden ist, nur nicht die

Erbelemente, die der oben erwähnte Mönch mit Namen Gregor Mendel einst in seinem Klostergarten aufgespürt hat. Er war dort übrigens nur gelandet, weil er zweimal die Klosterprüfung geschmissen hatte, nach deren Bestehen er der Physiklehrer des Klosters werden sollte. So blieb ihm nur die Beschäftigung mit seinen Erbsen – und ein ruhigerer und weiter von der Welt entfernter Ort als sein Garten ist kaum vorstellbar, um von ihm aus die Wissenschaft aus den Angeln zu heben.

Quantensprünge

Als im Jahr 1900 die Genetik in die Gänge kam, saß in Berlin ein hoch angesehener Professor für Physik und mühte sich mit den Farben ab, die ihm ein schwarzer Körper zeigte, wenn er ihm Hitze zuführte und seine Temperatur stieg. Die Rede ist von Max Planck, der beinahe nicht mit dem Studium der Wissenschaft begonnen hätte, die er später im Oktober 1900 durch die Einführung von Quantensprüngen revolutionieren sollte. Als sich der junge Planck nämlich um 1880 erkundigte, was er studieren sollte, holte er zuerst den Rat eines Musikwissenschaftlers ein, da er mit großer Leidenschaft Klavier spielte und als Schüler sogar eine Operette komponiert hatte. Zu seinem Entsetzen teilte ihm der Gelehrte mit: »Wenn Sie nicht wissen, dass Sie Musik studieren sollen, sondern fragen, ob Sie das überhaupt wollen, dann lassen Sie am besten die Finger davon.«

Erst als zweite Option schwebte Planck die Physik vor Augen, und er hat einmal erzählt, wie es ihm dabei ergangen ist: »Als ich meine physikalischen Studien begann und mir bei meinem ehrwürdigen Lehrer [Jolly an der Universität München] wegen der Bedingungen und Aussichten meines Studiums Rat einholte, schilderte mir dieser die Physik als eine hochentwickelte, nahezu voll ausgereifte Wissenschaft, die nunmehr, nachdem ihr durch die Entdeckung des Prinzips der Erhaltung der Energie gewissermaßen die Krone aufgesetzt sei, wohl bald ihre endgültige stabile Form angenommen haben würde. Wohl gebe es vielleicht in dem einen oder dem anderen Winkel noch ein Stäubchen oder ein Bläschen zu prüfen und einzuordnen, aber das System als Ganzes stehe ziemlich gesichert da, und die theoretische Physik nähere sich merklich demjenigen Grade der Vollendung, wie ihn etwa die Geometrie schon seit Jahrhunderten besitze.«

Natürlich schmunzelt man heute über solche Worte, aber der zitierte Professor konnte stolz auf ein solides Gebäude der Physik verweisen, das im Laufe der Geschichte entstanden war und neben der Mechanik und der Elektrodynamik noch eine dritte stabile Säule durch die Wärmelehre oder Thermodynamik bekommen hatte. Warum hatte der Schüler dann trotzdem und zum Glück das als so aussichtslos erscheinende Fach gewählt? Eine Antwort darauf kann finden, wer in Plancks *Wissenschaftlicher Selbstbiographie* liest. Dort wird ausgeführt, welchen Eindruck der Physikunterricht bei dem Schüler Planck hinterlassen hat. Sein Lehrer hatte ihm den Satz von der Erhaltung bzw. Unzerstörbarkeit der Energie als Heilsbotschaft mit absoluter Geltung vermittelt: »Unvergesslich ist mir die Schilderung, die [mein Lehrer Hermann] Müller uns als Beispiel der potentiellen und der kinetischen Energie zum Besten gab, von einem Maurer, der einen schweren Ziegelstein mühsam auf das Dach eines Hauses hinaufschleppt. Die Arbeit, die er dabei leistet, geht nicht verloren, sie bleibt unversehrt aufgespeichert, jahrelang, bis vielleicht eines Tages der Stein sich löst und einem vorübergehenden Menschen auf den Kopf fällt« – hoffentlich ohne ihm einen bleibenden Schaden zuzufügen.

Neben dem heiligen Energiesatz kannte die Physik noch einen zweiten Hauptsatz der Wärmelehre, in dem die Zeit eine Richtung bekommt und bewiesen wird, dass ihr Pfeil nur nach vorne fliegen kann. Beide Einsichten faszinierten Planck, der das Zusammenspiel von Energie und Zeit verstehen und dabei Gesetze finden wollte, die für »das Absolute gelten«, wie er sagte und damit das meinte, was auch als Objektivität bezeichnet wird. Er konnte nicht ahnen, dass sein größter Triumph, das Auffinden von Quantensprüngen in der Natur, das genaue Gegenteil erreichte, nämlich dem beobachtenden Subjekt eine maßgebliche Rolle bei der Beschreibung der Natur zu geben. Es ist verrückt: Zuerst musste Planck aus Verzweiflung unstete Änderungen von Atomen zulassen, um sein Gesetz zu finden, und als er danach versuchte, die Quanten gegen Null gehen zu lassen, um sie so wieder loszuwerden, zeigten die Erfolge seiner Kollegen immer deutlicher, dass Planck hier eine tiefe Wahrheit über die Welt gefunden hatte. Er selbst konnte keinerlei Gefallen daran finden.

Diese Haltung erinnert an einen anderen großen Denker der frühen Jahre des 20. Jahrhunderts. Der Komponist Arnold Schönberg hatte mit seiner Zwölftonmusik Stücke komponiert, die viel Gewöhnung auf Seiten der Zuhörer verlangten (und auch heute noch verlangen). Als Schönberg vor dem Ersten Weltkrieg gefragt wurde, ob ihm seine Musik gefalle, soll er geantwortet haben: »Nein, aber einer musste sie komponieren.« Wenn man Planck nach 1900 gefragt hätte, ob ihm seine Quantentheorie gefalle, hätte er im Prinzip die gleichen Worte benutzen können: »Nein, aber einer musste sie aufstellen und vorlegen.«

Wenn man von den ersten Erfahrungen des Studenten Planck an der Universität erfährt, kann man sich erneut wundern, warum er sich für die Physik entschieden und es in dieser Disziplin zu etwas gebracht hat. Als er seine ersten Vorlesungen an der Friedrich-Wilhelm-Universität in Berlin besuchte, fand er, dass der große und berühmte Hermann von Helmholtz »sich offenbar nie richtig vorbereitet hatte und immer nur stockend sprach. Wir hatten das Gefühl«, so Planck, »dass er sich selber bei diesem Vortrag mindestens ebenso langweilte wie wir.« Im Gegensatz dazu trug Gustav Robert Kirchhoff zwar »ein sorgfältig ausgearbeitetes Kollegheft vor«, »aber das Ganze wirkte wie auswendig gelernt, trocken und eintönig. Wir bewunderten den Redner, aber nicht das, was er sagte.«

Zwar kam Planck mühelos durch die Semester und fertigte nicht nur seine Doktorarbeit über den Hauptsatz der Wärmelehre (in der er eine Richtung für die Zeit einführte) zügig an, sondern konnte bereits in jungen Jahren eine Habilitationsschrift vorlegen. Dann jedoch fiel ihm etwas unangenehm auf: »Nicht ohne Enttäuschung musste ich feststellen, dass der Eindruck meiner Doktordissertation wie auch meiner Habilitationsschrift in der damaligen physikalischen Öffentlichkeit gleich Null war.« Und nicht nur das: »Helmholtz hat die Schrift wohl überhaupt nicht gelesen und Kirchhoff lehnte ihren Inhalt ausdrücklich ab.« Als Folge musste Planck viele Jahre auf eine Anstellung an der Universität warten. Erst in Kiel wurde sie ihm angeboten, nachdem sein Vater sich bei einem einflussreichen Freund aus alten Kieler Zeiten für ihn eingesetzt hatte. Nichts Neues also unter der akademischen Sonne im Land der Dichter und Denker.

Ein Besuch bei Hitler

Wie dem auch sei: Planck ist von Historikern als Physiker, Philosoph, Prediger und Politiker bezeichnet worden. Als Repräsentant seiner Wissenschaft wie auch seiner Universität hatte er viele unangenehme Begegnungen mit Vertretern der Staatsmacht auszuhalten. Am schlimmsten war für ihn sein Zusammentreffen mit Adolf Hitler. Zwar hat Planck seinen Erinnerungen und späteren Aufzeichnungen zufolge versucht, sich für den Verbleib jüdischer Wissenschaftler einzusetzen, von denen einige mit Nobelpreiswürden versehen worden und als Direktoren von Kaiser-Wilhelm-Instituten tätig waren, die nach dem Zweiten Weltkrieg Plancks Namen bekommen haben, aber sein *Besuch bei Adolf Hitler* fand im Mai 1933 statt, und damals antwortete der Führer auf Plancks Bitte um Verschonung der jüdischen Gelehrten: »Gegen die Juden an sich habe ich gar nichts. Aber die Juden sind alle Kommunisten, und diese sind meine Feinde, gegen sie geht mein Kampf.« Als Planck anmerkte, damit betreibe Deutschland eine Art Selbstverstümmelung, da die vertriebenen Gelehrten ihre wissenschaftliche Arbeit, von der das moderne Gemein- und Staatswesen abhänge, im Ausland fortsetzen würden, reagierte Hitler mit der bedrohlichen Feststellung: »Unsere völkische Politik wird weder rückgängig gemacht noch abgeändert werden, auch nicht für die Wissenschaftler. Wenn die Entlassung jüdischer Wissenschaftler die Vernichtung der zeitgenössischen deutschen Wissenschaft bedeutet, dann werden wir eben einige Jahre ohne Wissenschaft auskommen«. Und während sich Hitler in Rage redete, »schlug er sich kräftig auf das Knie […] und schaukelte sich in eine solche Wut hinaus, dass mir nichts übrig blieb, als zu verstummen und mich zu verabschieden.«

Der Autor erlaubt sich an dieser Stelle erneut einen kleinen persönlichen Schlenker, der mit seinem Deutschlehrer verbunden ist, den er so geschätzt hat wie Planck seinen Physiklehrer. Mein Deutschlehrer, ein Oberstudienrat namens Heinrich Hahne, hatte Glossen und Aufsätze für das Feuilleton der *FAZ* geschrieben und ein Buch mit dem Titel *Wortwörtlich* veröffentlicht. Darin erzählt er, wie er 1934 mit seinem Studium in Berlin begonnen und zusammen mit Kommilitonen in einer Fensternische bei einer Sitzung der Akademie der Wissenschaften im Haus Unter den Linden zuhören durfte: »Dann kam Max Planck die Treppe herunter. In seinen engen Röhrenhosen setzte er behutsam Schritt für Schritt und orientierte sich mit der Hand am Geländer. Über dem Klappkragen mit der schweren Krawatte erhob sich der mächtige Kopf. Wir traten noch weiter zurück und grüßten ihn. Er nahm von uns keine Notiz, und wir waren froh darüber; denn hätte er uns beachtet, und unter Umständen aus irgendeinem Grunde sogar angesprochen: wir wären in den Boden versunken.« Etwas von dieser Verehrung hat der Lehrer dem Schüler mit auf den Lebensweg gegeben, der es als sein kleines Glück empfindet, ein paar Monate gemeinsam mit Planck auf der Welt gewesen zu sein. Als der große Mann im Oktober 1947 starb, war der kleine Knabe neun Monate alt.

»Otto Hahn, Lies Meitner«

Wenn man bei Planck von politisch schweren Zeiten spricht, dann muss man auch die in jenen Zeiten vorherrschende Einstellung der Gesellschaft gegenüber Frauen ins Auge fassen. Planck war zunächst – wie bei einem stolzen Vertreter des Kaiserreichs auch nicht anders zu erwarten – nicht gut auf akademisch ehrgeizige Frauen zu sprechen. Davon zeugt seine Reaktion, als sich bei ihm eine junge Dame namens Lise Meitner vorstellte, die nach ihrer Promotion in Wien bei ihm in Berlin weiter studieren und arbeiten wollte: »Sie haben doch schon den Doktortitel«, meinte Planck, »was wollen Sie denn noch?« Doch der große Mann merkte bald, dass er hier jemanden vor sich hatte, der wollte und konnte, und so änderte er seine anfangs frauenfeindliche Haltung.

Er war nicht der einzige Akademiker, der Mühe mit den aufstrebenden Damen in der Wissenschaft hatte. Zu ihnen gehörte auch der Chemiker Emil Fischer, der den späteren Nobelpreisträger und seinen damaligen Assistenten Otto Hahn anfauchte: »Auf keinen Fall fange ich eine Weiberwirtschaft an!« Dabei hatte Hahn nur höflich gefragt, ob ein Fräulein Lise Meitner mit in sein Institut kommen und dort arbeiten dürfe. Damals bekamen weibliche Wesen eben nur als Putzfrauen Zutritt zu den heiligen Hallen.

Meitner hatte es wirklich schwer, sich in der alten Männerwelt durchzusetzen, und anfangs erkannte nur Otto Hahn ihre Qualitäten. Die beiden führten sogar gemeinsame Experimente durch und sangen, während sie mit den Instrumenten herumwerkelten, zusammen Brahms-Lieder. Als Lise Meitner nach erfolgreichen Forschungsjahren ihren Habilitationsvortrag ankündigen konnte und dabei über *Die Bedeutung der Radioaktivität für kosmische Prozesse* sprach, berichteten die Zeitungen, Fräulein Meitner habe über »kosmetische Physik« gesprochen, was die Dame nicht komisch fand.

Im Laufe der Jahre lernte Meitner aber, mit dem männlichen Dünkel umzugehen und sich zu wehren. So antwortete sie zum Beispiel auf die Frage des fülligen Wolfgang Pauli: »Wie alt sind Sie eigentlich, Fräulein Meitner?«, mit der spitzen Bemerkung: »Ach, Herr Pauli, ich frage ja auch nicht, wieviel Sie wiegen.« Und als der ansonsten verehrte Otto Hahn in einer Debatte mit der Erläuterung der Experimente wieder einmal nicht zurechtkam, griff Lise Meitner ein und sagte: »Hähnchen, von Physik verstehst du nichts, hör' damit auf.«

Obwohl die beiden gleichberechtigte Professoren mit je eigenen Abteilungen an einem Kaiser-Wilhelm-Institut in Berlin waren, hinderte dies Besucher nicht daran, sich nach der »Assistentin von Hahn« zu erkundigen. Doch nach und nach merkten die Mitarbeiter, wem die wissenschaftlichen Ideen zu verdanken waren, und als die beiden Institutsleiter einen Aushang gemeinsam unterzeichnet hatten, drehte jemand zwei Buchstaben ihres Vornamens Lise um, so dass auf dem Papier als Unterschrift zu lesen war: »Otto Hahn, Lies Meitner«.

Nach den erwähnten anfänglichen Schwierigkeiten mit Planck kam Lise Meitner aber immer besser mit ihrem Lehrer der ersten Berliner Jahre zurecht. Im Laufe der Zeit sprach sie von dem »Vater Planck«, der ihren Lebensweg so stark wie ihre Eltern beeinflusst habe. Zuletzt hatte sie sogar das Gefühl, dass die Luft in einem Zimmer besser würde, wenn Planck hereinkam. Leider konnte auch der hoch angesehene Mann nichts für sie tun, als es 1938 zum Anschluss ihres Heimatlandes an das Deutsche Reich kam und sie somit als österreichische Jüdin denselben Rassegesetzen unterlag wie ihre deutschen Kollegen. Als Folge davon musste die 60-jährige Physikerin das Land verlassen, um künftig als schwedische Staatsbürgerin zu leben und nicht wieder nach Deutschland zurückkehren zu dürfen. Im Juni 1945 beschrieb sie in einem an Hahn adressierten Brief, wie verbittert sie die Ereignisse im Nazi-Deutschland machten: »Ihr habt nie auch nur einen passiven Widerstand zu machen versucht. Gewiss, um Euer Gewissen loszukaufen, habt ihr hier und da einem bedrängten Menschen geholfen, aber Millionen unschuldiger Menschen hinmorden lassen, und keinerlei Protest wurde laut. Ich muss Dir das schreiben, denn es hängt so viel für Euch und Deutschland davon ab, dass Ihr einseht, was Ihr habt geschehen lassen. Das klingt erbarmungslos, und doch glaube mir, es ist ehrliche Freundschaft, warum ich Dir das alles schreibe.« Hahn sollte den Brief jedoch nie erhalten.

Lise Hahn und Otto Meitner in einem Laboratorium in Berlin im Jahr 1913

Als Lise Meitner 1938 Berlin Richtung Schweden verließ, übernahm es Otto Hahn, die Experimente fortzusetzen, mit denen Meitner versucht hatte, einen Neutronenstrahl auf Uran zu lenken, in der Annahme, dass das schwere Element noch schwerer würde und sogenannte Transurane entstünden. Hahn bemerkte bei seinen Versuchen mit Fritz Straßmann aber dann etwas völlig anderes: Er konnte beobachten, dass am Ende der Neutronenbestrahlung kein schwereres, sondern ein leichteres Element namens Barium entstanden war. Was hier eher harmlos klingt, meint natürlich die folgenreiche Entdeckung der Kernspaltung, die am Vorabend des Zweiten Weltkriegs ungeheuer dramatische politische Folgen mit sich brachte und den Bau von Bomben ermöglichte, die *Heller als Tausend Sonnen* leuchteten, wie die berühmte Geschichte der Kernphysik heißt, in der Robert Jungk »das Schicksal der Atomforscher« schildert.

Um diese große Geschichte kann es hier nicht gehen, aber um eine kleine, die in Berlin spielt. Als sich nämlich herumsprach, was Otto Hahn mit einem Neutronenstrahl bewirkt hatte, tauchte ein Reporter in seinem Laboratorium mit der Bitte auf, den Professor fotografieren zu dürfen. Man könne doch zwei Aufnahmen machen, meinte der Mann von der Zeitung: Auf der ersten solle Hahn den Atomkern in seiner Hand halten und auf der zweiten solle er nachdenklich auf die Spaltprodukte blicken. Leider ist nicht überliefert, was der Herr Professor geantwortet hat. Vielleicht war er auch zu verblüfft, um überhaupt etwas zu sagen.

Wiener Wurzeln

Was die Grundlagen der physikalischen Wissenschaft angeht, so lassen sich Lise Meitner und Max Planck auch über den Namen des österreichischen Theoretikers Ludwig Boltzmann verbinden. Zum allgemeinen Entsetzen hatte dieser im Jahre 1906 im Verlauf eines Ferienaufenthalts in Duino bei Triest Selbstmord begangen, was konkret bedeutete, dass die junge Lise Meitner in Wien vergeblich auf ihn und seine Vorlesungen warten musste, von denen alle Studierenden geschwärmt hatten. Natürlich wurde aus medizinischer Perspektive eine schwere Depression als Grund für Boltzmanns Handlung genannt. Der Philosoph Karl Popper hat versucht, deren Entstehen tiefer verständlich zu machen und dabei ein erstaunliches physikalisch-philosophisches Argument ausgemacht.

Boltzmann hatte sich vor seinem Freitod viele Jahre mit dem zweiten Hauptsatz der Wärmelehre beschäftigt, der auch das Thema von Plancks Doktorarbeit werden sollte. In ihm taucht eine Größe namens Entropie auf, von der behauptet wird, dass sie nur eine Richtung kenne, nämlich zuzunehmen (so wie es die Unordnung in einem Zimmer tut, in dem niemand aufräumt). Boltzmann setzte seine ganze mathematische Kraft ein, um im Rahmen der klassischen Physik eine objektive Begründung für diese Richtung zu finden, die auch für den Pfeil der Zeit gelte und ihm keinen Rückwärtsgang erlaube. Sie musste etwas mit statistischen Überlegungen zu tun haben, die eine Rolle spielen, wenn viele Teilchen miteinander in Wechselwirkung geraten, denn ein einzelnes Objekt kann vorwärts und rückwärts laufen, ohne eine Zeitrichtung zu bevorzugen.

Trotz aller theoretischen und mathematischen Anstrengungen musste Boltzmann resigniert einräumen, dass es »für das Weltall als Ganzes keine Unterscheidung zwischen Rückwärts- und Vorwärts-Richtungen der Zeit« gebe. Sie bestehe nur »für die Welten, in denen Lebewesen existieren«, was sich zwar spannend und geheimnisvoll anhört, für Boltzmann aber eine Katastrophe bedeutete – jedenfalls aus Sicht seines österreichischen Landsmannes Popper. Mit diesem Argument öffnete der Wiener Physiker nämlich die Tür zu einer subjektiven Physik, da die Richtung der Zeit von real existierenden Beobachtern abhängig wurde und das Ideal der Objektivität verlorenging. Und auch wenn man sich inzwischen im Rahmen der Quantenmechanik und anderer wissenschaftlicher Entwicklungen daran gewöhnt hat, dass das Ziel einer rein gegenständlichen Wissenschaft, die eine Welt ohne ein sie beobachtendes Ich beschreibt, nicht zu erreichen ist, muss dieser Gedanke zu Beginn des 20. Jahrhunderts für Boltzmann unerträglich gewesen sein – »und mit dieser Einsicht mag seine Depression und sein Selbstmord zusammenhängen«, wie Karl Popper zum Ende seines eigenen Lebens schrieb. Physik könne man nur gut machen, wenn man dabei sein Leben aufs Spiel setze, wie ein anderer Wiener meinte, und zwar der bereits vorgestellte Wolfgang Pauli. Boltzmann hatte genau so gehandelt.

Übrigens – an dem grundlegenden Problem, wie die Zeit in der Physik ihre Richtung bekommt, sind im Laufe der Geschichte so viele große Physiker gescheitert, dass der amerikanische Physiker David L. Goldstein in den 1970er-Jahren sein Lehrbuch über *States of Matter* mit der folgenden Warnung begann: »Ludwig Boltzmann, der einen großen Teil seines Lebens der statistischen Mechanik widmete, starb 1906 von eigener Hand. Paul Ehrenfest, der seine Arbeit fortsetzte, starb 1933 unter ähnlichen Umständen. Nun sind wir an der Reihe, uns der statistischen Mechanik anzunehmen. Vielleicht ist es eine gute Idee, vorsichtig an die Sache heranzugehen.«

Man darf sich Boltzmann dennoch auf keinen Fall als melancholischen Mann vorstellen, sondern sollte seine Leidenschaft für die Wissenschaft sehen, die er bei jeder Gelegenheit auch unterhaltsam ins Spiel bringen konnte. Als er einmal eher gelangweilt bei einem Dinner saß und zum Nachtisch ein Wackelpudding serviert wurde, bot Boltzmann seinen Tischnachbarn an, ihnen zu zeigen, dass sie da den einzigen festen Körper vor Augen hätten, an dem sich sichtbare Longitudinalwellen erzeugen ließen. Leider wollte keiner der Gäste darüber etwas erfahren, und so musste der gute Mann auf eine Demonstration der Wackelei verzichten.

Eine andere Episode lässt sich aus seiner Studentenzeit erzählen, als der junge Boltzmann im Keller des physikalischen Instituts, an dem er in Wien studierte, vor drei riesigen mit Salzlösung gefüllten Röhren stand. Es sollte bestimmt werden, ob sich im Verlauf der Zeit zwischen den obersten und untersten Schichten der Lösungen ein Konzentrationsunterschied herausbilden würde. Der junge Boltzmann wunderte sich, dass man die zu erwartende Dauer nicht vor dem Aufstellen der Röhren berechnet hatte, griff zu seinem Bleistift, notierte sich ein paar Rechnungen und kam auf 3000 Jahre. Die Professoren zeigten sich erst erstaunt und wunderten sich noch mehr, als Boltzmann spitzbübisch hinzufügte: »In einem Keller von durchaus gleichförmiger Temperatur kann keine Intelligenz bestehen« – weil Leben grundsätzlich und ganz allgemein von Wärmeunterschieden abhängig ist –, und diese Unmöglichkeit, so Boltzmann grinsend, sei auch der Grund dafür, dass der Versuch mit den Glasröhren so kläglich gescheitert sei.

Als etablierter Physiker äußerte sich Boltzmann gerne auch mal philosophisch und schreckte dabei selbst vor drastischen Formulierungen nicht zurück. Einmal schlug er als Titel für einen Vortrag vor: *Beweis, dass Schopenhauer ein geistloser, unwissender, Unsinn schmierender, die Köpfe durch hohlen Wortkram von Grund aus und auf immer degenerierender Philosophaster sei.* Als der Veranstalter dies ablehnte – und Boltzmann dazu überredete, *Über eine These Schopenhauers* zu sprechen –, wies der schmollende Physiker darauf hin, dass er damit doch nur Schopenhauer selbst zitiert habe, der mit diesen deftigen Worten den berühmten Kollegen beschimpft habe, den er nicht leiden konnte, nämlich den dialektischen Geschichtsphilosophen Hegel.

Boltzmann ging in seinem Vortrag nicht nur auf eine, sondern auf verschiedene Thesen Schopenhauers ein, zum Beispiel auf die, dass »nichts als der Wille« existiere, woraus der Philosoph schloss: »Die einzige richtige Ethik besteht darin, dass der Wille sich selbst leugnet, und dass man den Übergang zum Nichts vorbereitet. Das ist dann das Glück.« Boltzmann hielt diese Ansicht für vollkommen verfehlt, überhaupt erachtete er es als falsch, die Aufgabe einer Ethik darin zu sehen, »aus metaphysischen Argumenten zu deduzieren, ob das Leben als Ganzes ein Glück oder Unglück ist«. »Kein Unglücklicher hat etwas davon«, so Boltzmann, »wenn wir ihm auch noch metaphysisch beweisen, dass das Leben ein Unglück ist.« Der Physiker möchte die Menschen befreien »von der geistigen Migräne, welche man Metaphysik nennt«, aber besonders gelungen scheint ihm dies nicht zu sein, wenn man sich auf dem Buchmarkt umschaut und in die philosophischen Seminare reinhört.

Gelungen ist dafür die *Reise eines deutschen Professors ins Eldorado*, wie Boltzmann seinen Bericht über einen Aufenthalt in Kalifornien überschrieb. Diese Reise begann mit dem Verlassen einer Sitzung in Wien, nach der sich Boltzmann nicht wie üblich nach rechts wandte, um nach Hause zu gehen, sondern nach links. Als ihn ein Kollege fragte: »Wohin gehen Sie denn heute?«, antwortete Boltzmann: »Nach San Francisco«, was ihn aber nicht davon abhielt, auf dem Bahnhof erst noch in aller Gemütlichkeit Jungschweinsbraten mit Kraut und Erdäpfeln zu verzehren und »einige« Gläser Bier zu trinken. »Mein Zahlengedächtnis, sonst erträglich fix, behält die Zahl der Biergläser stets schlecht«, bemerkte er dazu, wie man leicht versteht.

Boltzmann liebte alkoholische Getränke, und das viele Wasser, das ihm auf seiner Amerikareise angeboten wurde, brachte seinen Magen in Unordnung. Auf der Rückreise mit dem Schiff trank er dann endgültig keinen Tropfen Wasser mehr, »desto mehr edlen Rüdesheimer« – und das hatte einen besonderen Vorteil, denn »auf dem Schiff ist das so günstig; wenn man ein wenig wackelt, schreiben's alle der Schiffsbewegung zu«, wie er in einer seiner Plaudereien gestand.

Zwar brachte die kalifornische Reise einige Strapazen mit sich, aber Boltzmann bekam auch die Gelegenheit, bei jenen Superreichen einzukehren, denen einige der privaten Universitäten Kaliforniens zu verdanken sind. In einem Fall wurde er als Gast auf einem riesigen Landsitz, einer Hazienda, in ein Musikzimmer geführt, das so groß wie der Bösendorfer Musiksaal in Wien und ebenso phantastisch ausgeschmückt war. Zwar hatte Boltzmann noch die Schnauze voll von dem Oatmeal, das es zum Essen gab – und das er als einen »unbeschreiblichen Kleister aus Hafermehl« beschrieb, »mit dem man in Wien vielleicht die Gänse mästen könnte«, um dann einschränkend hinzuzufügen: »Ich glaube aber eher nicht, denn Wiener Gänse würden das kaum fressen.« –, setzte sich aber trotzdem an den Flügel und spielte eine Sonate von Schubert. Das Instrument, ein Steinway der allerhöchsten Preislage, schien durch seine Qualität seine Finger ganz ohne sein Zutun zu lenken. Was darauf folgte, lässt sich am besten mit Boltzmanns eigenen Worten wiedergeben: »Unter den Anwesenden war auch ein Professor der Musik in Milwaukee, eine martialisch männliche Gestalt, sicher ein vortrefflicher Bärenjäger; aber auch musikalisch gründlich gebildet. Er hatte [...] das Klavierspiel betrieben, man kann nicht sagen, gelernt. Er wusste, dass Beethoven neun Symphonien geschrieben hat und dass die neunte davon die letzte ist. Mir tat er unverdiente Ehre an; denn gelegentlich einer Debatte, ob Musik auch humoristisch sein könne, ersuchte er mich, das Scherzo aus der neunten vorzuspielen. Sollte ich sagen, ich kann es nicht, einem Professor aus Milwaukee gegenüber? Da ward auch ich humoristisch und sagte, ›Gerne, nur bäte ich ihn, die Pauke zu spielen, es nimmt sich besser, wenn sie ein zweiter hineinspielt‹. Da wurde er mit seiner Bitte still.« Und Boltzmann konnte weiter dem Wein zusprechen.

Als die Welt aus den Fugen geriet

Es geht weiter in die Vergangenheit und zunächst in das 19. Jahrhundert zurück, in dem *Die Verwandlung der Welt* beginnt, bis sie so aussieht wie heute, wie Jürgen Osterhammel in seinem gleichnamigen Buch meint, und die Menschen bemerken, dass nichts so bleibt oder bleiben kann, wie es ist. Alles ist in Bewegung, oder mit Hamlets Worten ausgedrückt: »Die Zeit ist aus den Fugen.«

Zu den grundlegenden Konzepten, von denen sich die Menschen verabschieden müssen, gehört die Vorstellung von einer Konstanz der Lebensformen, die bis in alle Ewigkeit so bleiben würden, wie ein gütiger Gott sie einst geschaffen hatte. Zu diesem Sinneswandel trägt vor allem Charles Darwin bei. Der britische Naturforscher sollte eigentlich Theologe werden, unternahm dann aber in den 1830er-Jahren eine fünfjährige Weltreise, deren Eindrücke ihm eine evolutionäre Geschichte des Lebens plausibel erscheinen ließen. Eine Idee, die er zudem als Mitglied einer Gesellschaft entwickelte, in der Menschen nach der Industriellen Revolution hart und unerbittlich um das Überleben kämpfen mussten.

Für die Weltreise mit einem Schiff namens *Beagle* hatte Darwin neben seinen Instrumenten auch eine Bibel eingepackt, in der er das damals errechnete Datum der Schöpfung eingetragen hatte, nämlich den 23. Oktober 4004 vor Christus, und zwar genau um 9 Uhr morgens. Der Philosoph Hans Blumenberg meinte zu erkennen, »wie zerstörerisch die fromme Notiz für die vielen Seiten war, denen sie voranstand: der stupende Gewinn [an höchst sinnloser Präzision] als Umschlagpunkt zum endgültigen Verlust« – nämlich dem Verlust an Gewissheit, von einem gütigen Gott geschaffen worden zu sein, der pünktlich um 9 Uhr zur Arbeit erscheint. Darwin kam zu der Ansicht, dass derjenige, der die Natur wirklich kenne und in Augenschein nehme, nicht mehr glauben könne, dass ein wie auch immer gedachter oder gearteter Gott sie gemacht habe. Wenn überhaupt, dann sei die Welt ein Werk des Teufels, was Darwin das Gefühl gab, einen Mord zu gestehen – Gott ist jetzt tot –, was die Vertreter der Kirche natürlich in Aufruhr versetzte, als sie davon erfuhren.

Kurz nach der Publikation von Darwins Hauptwerk kam es zu einem öffentlichen Streit zwischen einem angriffslustigen Bischof namens Samuel Wilberforce und einem streitbaren Verfechter der Evolutionsidee namens Thomas Huxley, der wegen seiner scharfen Kommentare auch als Darwins Bulldogge bekannt war. Bei dem Zusammentreffen ging Wilberforce auf die jetzt denkbare, von vielen aber als erniedrigend empfundene Möglichkeit ein, dass Menschen von Affen abstammen sollten, die Darwin selbst in seinem

Buch mit keinem Wort erwähnt. (Tatsächlich deutet er nur an, dass der Gedanke der Evolution Licht auf den Menschen und seine Geschichte werfen kann, ohne von den Primaten zu sprechen.) Der wütende Bischof forderte den lauschenden Huxley auf, ihm zu sagen, ob er denn väterlicher- oder mütterlicherseits von einem Affen abstamme, und erhielt als Antwort: »Wenn mir die Frage gestellt würde, ob ich lieber einen erbärmlichen Affen zum Großvater hätte oder einen begabten Mann mit großem Einfluss, der aber diese Gaben und diesen Einfluss in der bloßen Absicht gebraucht, eine ernsthafte wissenschaftliche Diskussion ins Lächerliche zu ziehen, dann zögere ich nicht zu erklären, dass ich den Affen bevorzuge.«

Als Wilberforce sich später durch einen unglücklichen Sturz auf einen Stein seinen Schädel brach und an den Folgen dieser schweren Verletzung starb, soll Huxley gesagt haben: »Kaum trifft der Bischof auf die harte Wirklichkeit, gibt er seinen Geist auf.«

Was die Affen angeht, so hat eine Lady, als sie in ihren vornehmen Kreisen von Darwins evolutionären Gedanken hörte, souveräner auf die Frage der menschlichen Herkunft reagiert als die Vertreter der Kirche: »Was? Wir Menschen sollen von Affen abstammen? Hoffen wir, dass es nicht stimmt. Und wenn es stimmt, hoffen wir, dass es sich nicht herumspricht und es niemand außer uns erfährt.«

Darwin selbst hat sich nicht in solche Debatten eingeschaltet, sondern seine Leidenschaft auf die Natur gelenkt und sein Leben vor allem beobachtend und sammelnd verbracht. In seiner Jugend hatten es ihm dabei besonders Käfer angetan. Es gab sie in den Wiesen und Wäldern in so großer Zahl, dass er manchmal mit seinen Händen und Taschen nicht alle fassen und mit nach Hause nehmen konnte, so dass er einfach ein paar von ihnen im Mund transportierte. Er gelangte so zu der hübschen Ansicht, dass der liebe Gott von Käfern begeistert sein und sie über alles lieben musste, denn sonst hätte er kaum so viele von ihnen gemacht.

Darwin litt nach seiner langen Weltreise zeit seines Lebens an einer merkwürdigen Krankheit, die bis heute nicht diagnostiziert ist und unverstanden bleibt, die aber dazu führte, dass er sich »niemals glücklich, außer bei der Arbeit« fühlte, wie er seinem Tagebuch anvertraute. Auf dessen Seiten wägte er auch das Für und Wider einer Verehelichung ab:

»Heiraten

Kinder (so Gott will). Ständige Gefährtin (und Freundin im Alter), die sich für einen interessiert. Jedenfalls besser als ein Hund. Eigenes Heim und jemand, der den Haushalt führt. Charme von Musik und weiblichem Geplauder. Diese Dinge gut für die Gesundheit – aber schreckliche Zeitverschwendung –

Nicht heiraten

Freiheit hinzugehen, wo man will. Wahl der Gesellschaft, und wenig davon. Nicht gezwungen, Verwandte zu besuchen und sich jeder Kleinigkeit zu unterwerfen. Keine Lektüre an den Abenden. Man wird fett und faul. Angst und Verantwortung, weniger Geld für Bücher usw.«

Zuletzt konnte sich Darwin von den Vorteilen der Ehe mit den Vorzügen einer bürgerlichen Idylle überzeugen, indem er notierte: »Stelle dir vor, den ganzen Tag allein in einem verrauchten Londoner Haus zu verbringen. Halte dagegen das Bild einer lieben, sanften Frau auf einem Sofa am Kaminfeuer«.

Bald hielt er konsequenterweise um die Hand seiner Cousine Emma Wedgwood an, was ihm später wegen der nahen Verwandtschaft Sorgen bereitete. Zwar kannte man damals noch keine Erbgesetze, aber die Folgen von Inzucht hatten die Menschen auch ohne wissenschaftlichen Ehrgeiz längst bemerkt, und so beobachtete Darwin höchst genau und voller Sorge, wie langsam seine Kinder lernten und wie lange sie zum Beispiel brauchten, um Farbwörter richtig zuordnen zu können. Er sprach betrübt von der Farbendummheit der Kleinen, die heute keine Rolle mehr spielt und verschwunden ist, da anders als zu Darwins Zeiten die Kinderzimmer heute nicht grau, sondern voller bunter Klötzchen, farbig illustrierter Bücher und Massen von Malstiften sind.

Übrigens – die Idee einer evolutionären Anpassung und damit das moderne Verständnis vom Werden des Lebens wurden zum ersten Mal im Jahre 1858 vor einer wissenschaftlichen Gesellschaft in London vorgestellt. Bei diesem Treffen der Linnean Society erfuhren die Mitglieder sowohl von Darwins Gedanken als auch von den ähnlichen Beobachtungen des Engländers Alfred Wallace, die er auf seinen Weltreisen gemacht hatte und die auch auf eine natürliche Selektion als Ursache der Artenvielfalt hinausliefen. Wallace hatte dies Darwin in einem Brief mitgeteilt, der daraufhin Himmel und Hölle in Bewegung setzte, um als Erster die wissenschaftliche Öffentlichkeit mit seinen Gedanken vertraut zu machen. Er hatte Angst, als Zweiter ins Ziel zu kommen, da er seine Ideen nicht vor 1859 in Buchform auf den Markt bringen konnte. Seine Freunde arrangierten die erwähnte gemeinsame Lesung der evolutionären Ideen von Wallace und Darwin, was deshalb hier als Anekdote erzählt wird, weil der Präsident der Gesellschaft am Ende des Jahres 1858 bedauerte, im abgelaufenen Jahr keine großartige Neuerung erfahren und nur Routine in den wissenschaftlichen Vorträgen erlebt zu haben.

Karikatur – Charles Darwin als Affe

Der deutsche Kolumbus

In dem Jahr, in dem in London Darwins umwälzende Vorschläge für den *Ursprung der Arten* erschienen, stirbt in Berlin der bald neunzigjährige Alexander von Humboldt, der sich niemals Gedanken über das Heiraten und die Gründung einer Familie gemacht hatte. In Humboldts langem Leben taucht keine Frau auf, außer seiner – extrem strengen und von ihm eher verabscheuten – Mutter. Immerhin hatte sie ihrem Sohn ein Riesenvermögen hinterlassen, mit dem er alle beruflichen Verpflichtungen aufgeben und seine umfangreichen Reisen um die ganze Welt finanzieren konnte. Bei einer dieser Unternehmungen kam Humboldt nach England, und hier traf der über 70-Jährige auf den 32-jährigen Darwin.

Humboldt trug wie immer einen dunklen Gehrock und ein weißes Halstuch und redete ununterbrochen, obwohl er der Besucher war. Offenbar verstummten alle anderen in seiner Anwesenheit. Darwin versuchte mehrfach, den von ihm bewunderten Autor des *Kosmos* und zahlreicher anderer Bücher zu unterbrechen, doch der »energische kleine Deutsche« monologisierte drei Stunden lang »ohne Maß und Ziel«, wie Darwin notierte, um hinzuzufügen: »Vielleicht waren meine Erwartungen zu hoch geschraubt.« Er horchte allerdings auf, als Humboldt von einem Fluss in Sibirien erzählte, an dessen gegenüberliegenden Ufern die Vegetationen trotz gleichen Bodens und gleichen Klimas höchst verschieden waren (in Darwins Kopf bildeten sich die ersten Gedanken über den Artenwandel), aber das Wortgewitter des Gelehrten ließ sich nicht unterbrechen, und so ging Darwin etwas enttäuscht wieder nach Hause, ohne ein vernünftiges Gespräch mit Humboldt geführt zu haben.

Der Schöpfer berühmter Naturgemälde stammt zwar aus dem preußischen Berlin, aber seinen größten Triumph konnte Humboldt in Paris feiern. Als er als 35-jähriger Naturforscher im Jahre 1804 nach seiner fünfjährigen Südamerikareise in der französischen Hauptstadt eintraf, feierten ihn die Menschen überschwänglich wie einen Helden. Vorübergehend war er berühmter als Napoleon, der daraufhin, so Humboldt, »voll Hass gegen mich« war. Napoleon, der sich auf seine Krönung zum Kaiser vorbereitete, blickte tatsächlich voller Neid auf den zwar bestaunten und bejubelten, aber zugleich auch so belesenen und bescheidenen Deutschen und versuchte Humboldt zu kränken. Bei einem Treffen erkundigte er sich: »Sie beschäftigen sich mit Botanik?«, und fügte – ohne eine Antwort abzuwarten – hinzu: »Auch meine Frau treibt sie.« Dann wandte der Franzose dem Deutschen den Rücken und seine Aufmerksamkeit anderen Geschäften zu.

Humboldt hielt diese brüskierende Behandlung

Napoleons aus. Als er vor dem zukünftigen Kaiser der Franzosen stand, war er längst den Umgang mit großen Politikern gewohnt. Humboldt war nämlich von Philadelphia aus nach Frankreich gekommen, wo er drei Wochen lang Gast von Präsident Thomas Jefferson gewesen war – der Abschluss seiner Reise in die Neue Welt, die er 1799 zusammen mit dem französischen Botaniker Aimé Bonpland angetreten hatte und die ihm nicht nur den Ehrentitel eines »deutschen Kolumbus« einbringen, sondern seinen Namen an mehr Orten auf der Weltkarte erscheinen lassen sollte als den irgendeines anderen Menschen. Der Name »Humboldt« ist vor allem in Südamerika weit verbreitet – und inzwischen gibt es sogar einen nach ihm benannten Krater auf dem Mond.

Was Napoleon angeht, so gibt es neben der Humboldt-Anekdote noch eine weitere erwähnenswerte Geschichte. Nachdem der französische Astronom Pierre-Simon Laplace seine *Himmelsmechanik* in fünf Bänden vorlegen konnte, die Napoleon wenigstens kurz durchgeblättert hatte, fragte der Kaiser der Franzosen seinen Landsmann: »Wie können Sie dieses umfangreiche Werk schreiben, ohne den Autor des Universums auch nur ein einziges Mal zu erwähnen?« – »Sire«, antwortete der Wissenschaftler, »diese Hypothese brauche ich nicht.«

Als Napoleon in den letzten Jahren des 19. Jahrhunderts zu seinem ägyptischen Feldzug aufbrach und während der Schiffsreise den Nachthimmel betrachtete, wollte er von den mitgereisten Wissenschaftlern, die sich überwiegend als Atheisten bezeichneten, wissen, ob die Sterne bewohnt seien, wie lange es die Erde schon gebe und ob die Welt durch Feuer oder Fluten vernichtet werden würde. Bevor sie antworten konnten, fügte er mit einem Fingerzeig auf die Sterne hinzu: »Was auch immer ihr antwortet, ihr könnt sicher nicht sagen, wer all das gemacht hat.« Davon war der Feldherr überzeugt – und die moderne Zunft der Himmelskundigen rätselt darüber noch heute.

Leben und Sterben für die Chemie

Während Napoleon in den Himmel schaute, blickten französische Wissenschaftler in ihre Reagenzgläser. In den Kreisen der Chemiker stritt man sich vor allem über den Vorgang der Verbrennung, bei dem offensichtlich etwas entwich, und das konnte nur ein unsichtbar bleibender Stoff sein, den man nach einem Vorschlag des Deutschen Georg-Ernst Stahl Phlogiston nannte – nach dem griechischen Wort für »verbrannt«. In Paris hielt Antoine Lavoisier davon jedoch überhaupt nichts. Er hatte nämlich mit Hilfe einer zwar einfachen, aber genauen Waage herausgefunden, »dass der Schwefel beim Verbrennen, weit davon entfernt, sein Gewicht zu verlieren, im Gegenteil schwerer wird«. Lavoisier schickte diese Mitteilung im November 1772 in einem versiegelten Umschlag an die Pariser Akademie, »um mir das Eigentum daran zu sichern«. Er verkündete stolz, mit seiner Theorie »eine Revolution in der Chemie« bewirkt zu haben, nämlich dass Stoffe bei der Verbrennung Sauerstoff aufnähmen, wie er den Teil der Luft nannte, der zum Verbrennen erforderlich sei. Phlogiston gab es damit nicht mehr.

Lavoisier war so stolz auf das Erreichte, dass er 1789, kurz nach dem Sturm seiner Landsleute auf die Bastille, eine Art Theaterveranstaltung inszenierte, in der hässliche Vertreter der alten Phlogiston-Theorie von einem hübschen Anhänger des Sauerstoffs angeklagt und zum Schluss dazu verurteilt werden, das Phlogiston zu verbrennen. Das fanden die Anhänger Lavoisiers witzig, der zuletzt seine Frau auftreten und das Buch, in dem der alte Chemiker Stahl das Phlogiston eingeführt hatte, den Flammen übergeben ließ

Zwar lässt sich Lavoisiers Bemühen um klares Denken in der Chemie als erfolgreich bezeichnen, aber dies reichte dem umtriebigen Mann nicht, der sich in einem Nebenberuf als Steuereintreiber betätigte. Dadurch verfügte er auf der einen Seite über ausreichende Mittel, um sein privates wissenschaftliches Laboratorium zu betreiben; auf der anderen Seite musste er aber angesichts der wachsenden sozialen Spannungen im revolutionären Frankreich mit zunehmendem Hass gegenüber den Vertretern des Ancien Régime rechnen, zu denen auch er gehörte. Die Führer der Französischen Revolution schenkten ihm auch bald ihre Aufmerksamkeit, ließen ihn verhaften und beschlagnahmten sein Laboratorium, um es später sogar zu vernichten. Als Hauptgegner Lavoisiers trat der berühmt-berüchtigte Jean Paul Marat auf. Lavoisier hatte Jahre zuvor wiederholt die Aufnahme Marats in die Französische Akademie der Wissenschaften verhindert, und nun konnte der ehemalige Journalist Rache nehmen. Kurzum: Marat sorgte dafür, dass Lavoisier auf die Guillotine gebracht und hingerichtet wurde. Am 8. Mai 1794 starb der 50-jährige Chemiker, der zu der Zeit sein Fach revolutioniert hatte, als sein Land mit derselben Aufgabe beschäftigt war.

Als Lavoisiers Kopf fiel, schaute der bei der Exekution anwesende Mathematiker Joseph-Louis de Lagrange auf seine Uhr und fasste dabei den Gedanken: »Eine Sekunde brauchen sie nur, um seinen Kopf zu nehmen, vielleicht werden hundert Jahre vergehen, bis ein ähnlicher wieder wächst.« Wer sich die anschließende Entwicklung der chemischen Wissenschaft anschaut, wird feststellen, dass Lagrange sich verschätzt hat: Man musste noch viel länger auf einen neuen Lavoisier warten.

Ein Licht für die Welt

Zu den größten Figuren der Wissenschaft des 19. Jahrhunderts zählt der Brite Michael Faraday, der sich spätestens ab 1820 die Aufgabe stellte: »Verwandle Magnetismus in Elektrizität!« Er hatte von dem dänischen Physiker Hans Christian Ørsted gelernt, dass in dem Moment, in dem ein elektrischer Strom eingeschaltet wird, eine in der Nähe aufgestellte Magnetnadel zu wackeln anfängt. Elektrizität wird zum Magnetismus, wie man sehen konnte. Faraday fand das Umgekehrte aber wichtiger, denn für eine Gesellschaft komme es doch darauf an, Strom zu erzeugen, und vielleicht könne man dies in ausreichender Menge schaffen, wenn man einen ausreichend großen Magneten ausreichend schnell bewege. Faraday brauchte mehr als zehn Jahre, um die passenden und genügend empfindsamen Geräte hinzubekommen, die heute nur noch Langeweile im Physikunterricht hervorrufen. Doch ihm gelang, was heute als elektromagnetische Induktion bekannt ist, und er schenkte der Zivilisation so nach und nach ihr elektrifiziertes Gesicht. Faradays Entdeckung ebnete den Weg zu einer Stromerzeugung in großen Mengen, wodurch Strom in die Haushalte gebracht werden konnte. Als er seinen ersten Erfolg einem lokalen Politiker vorführen wollte, fragte der Mann beim Anblick all der Spulen und

Drähte verdutzt, wozu man das denn alles brauche. »Im Moment sieht man zwar noch nichts«, antwortete Faraday ohne Zögern, »aber ich bin sicher, dass sie eines Tages den Strom besteuern können und werden.« Faraday verglich solch eine völlig neue wissenschaftliche Beobachtung auch gerne mit einem neugeborenen Kind, dem man schließlich auch nicht sofort ansehen könnte, was aus ihm würde.

Faraday war bescheidener sozialer Herkunft, er absolvierte eine Buchbinderlehre und las dabei die Bücher, die er anfertigte. Als er auf diese Weise seine Neugier für wissenschaftliche Fragen weckte, kam er aus dem Nachdenken nicht mehr heraus und schrieb der Dame seines Herzens, seiner späteren Frau Sarah: »Ich möchte Dir tausend Dinge sagen und, glaube mir, tiefempfundene Dinge für Dich. Aber ich bin kein Meister der Worte für diesen Zweck. Und umso mehr ich darüber grüble und an Dich denke, desto mehr treiben Chloride, Versuche, Öl, Davy, Stahl, Mannigfaltiges, Quecksilber und fünfzig andere mit der Arbeit verbundene Phantasien davor und treiben mich weiter und weiter in die Verlegenheit der Dummheit.«

Mit dem im Text erwähnten Davy ist der damals berühmte Elektrochemiker Sir Humphry Davy gemeint, dessen Vorlesungen Faraday in London hörte. Aus den dazugehörigen Notizen machte er ein Buch und überreichte es dem großen Davy, der gerade einen Assistenten für sein Labor suchte. So begann Faradays Karriere in der Forschung. Daneben machte er Karriere als »Popularizer« der Wissenschaft und rief 1826 die »Weihnachtsvorlesungen für Kinder« ins Leben, die bis heute am Sitz der Royal Society in London abgehalten werden. Sein berühmtester eigener Beitrag dazu war seine Rede über *Die Naturgeschichte der Kerze*, die bis heute als gedrucktes Buch zu kaufen ist und mit dem Vorschlag an die jungen Zuhörer endet, sich selbst als Kerze zu verstehen und in die Welt hinauszugehen, um sie mit dem erworbenen Wissen zu erleuchten.

»War es ein Gott, der diese Zeichen schrieb?«

Neben der Bedeutung, die die Stromversorgung für unsere zivilisierte Gesellschaft spielt, ist heute vor allem noch ein von Faraday eingeführtes Wort in aller Munde: »Felder«. Faraday hatte bemerkt, dass der Raum, in dem Menschen leben und in dem sich ihr Kosmos entwickelt, nicht leer, sondern mit elektrischen und magnetischen Feldern gefüllt ist, mit deren Hilfe sich die dazugehörigen Kräfte bemerkbar machen. Zwischen den Polen eines Magneten und zwischen elektrischen Ladungen, so konnte Faraday nachweisen, verlaufen Kraftlinien, sogenannte »lines of force«, die zwar für das Auge unsichtbar bleiben, trotzdem aber für sichtbare Wirkungen sorgen.

Im Anschluss an Faradays Arbeiten wagte der schottische Physiker James Clerk Maxwell den Versuch, diese elektromagnetischen Felder in eine mathematische Form zu gießen, und als er einem Geniestreich gleich die heute weltberühmten vier Maxwell-Gleichungen präsentieren konnte, die das Wechselspiel zwischen elektrischen und magnetischen Feldern beschreiben, meinten seine staunenden Kollegen, hier habe eine höhere Macht ihre Hände im Spiel gehabt. »War es ein Gott, der diese Zeichen schrieb?«, zitierte der österreichische Physiker Ludwig Boltzmann beim Anblick der Maxwell-Gleichungen Goethes *Faust.* Faust sieht sich am Anfang des Dramas einem »Zeichen des Makrokosmos« gegenüber, von dem er meint, in ihm die große Ordnung der Welt erblicken zu können, und fragt sich, ob wohl die göttlich gedeuteten Botschaften ihm »das innre Toben stillen, das arme Herz mit Freude füllen, und mit geheimnisvollem Trieb die Kräfte der Natur rings um mich her enthüllen?« Genau dies gelingt den Maxwell-Gleichungen, die das Licht als elektromagnetische Welle zu verstehen erlauben und von denen ausgehend später Albert Einstein die klassische Mechanik in seine Relativitätstheorie umwandeln konnte, was ohne Maxwells Vorgabe ausgeschlossen gewesen wäre.

Der Schotte Maxwell zählt zu den Giganten der Physik, ohne dass sein Name zu einem Haushaltswort geworden wäre. Zwei Anekdoten lassen sich von ihm erzählen. Bei der ersten geht es um einen Kreisel, bei der zweiten um elektrischen Strom. Was Kreisel angeht, so wird jeder wissen, dass die hübsch rotierenden Gebilde so ihre Tücken haben. Maxwell liebte sie schon als Student und demonstrierte Freunden gerne, wie lange sich die entsprechenden Körper um eine Achse drehen konnten. Als bei einer späten Vorführung in einem Wohnheim einige Zuschauer schon ins Bett gingen, als der von Maxwell in Bewegung gesetzte Kreisel noch lief, brachte ihn das auf eine Idee: Er stand am nächsten Morgen zeitig auf, wartete im Gemeinschaftsraum, bis er die ersten Freunde sich nähern hörte, versetzte den Kreisel vom Vorabend erneut in Rotation und freute sich über den erstaunten Gesichtsausdruck der Frühaufsteher, als diese das sich offenbar die ganze Nacht über drehende Spielzeug erblickten.

Die zweite Geschichte spielt in Cambridge im Cavendish-Laboratorium, in dem Maxwell gerne die Experimente wiederholte, über die seine Kollegen publizieren wollten. In einer Arbeit hatte ein Physiker ein Verfahren beschrieben, wie man zwei elektrische Ströme vergleichen konnte, indem man sie durch den eigenen Körper leitete und die Muskelspannungen re-

Faraday bei seiner Weihnachtsvorlesung an der Royal Society in London.

gistrierte. Maxwell fand die Idee gut. »Jedermann sein eigenes Strommessgerät!«, freute er sich und krempelte seine Ärmel auf, um die Hände in ein mit einer Flüssigkeit gefülltes Becken zu tauchen, durch das ein Strom geleitet werden sollte. In diesem Augenblick meldete sich bei ihm ein Besucher aus den USA an, ein Professor Samuel Pierpont Langley aus Pittsburgh, der von vielen als eingebildet beschrieben wurde und von dem es hieß, dass er sich selbst für unfehlbar halte. Maxwell begrüßte den Gast mit dem Vorschlag, seine Hände auch einmal in das Becken zu tauchen, um sich von der erstaunlichen Genauigkeit zu überzeugen, die solch eine menschliche Messung mit sich bringe. Doch Langley verstand keinen Spaß. Er kehrte auf der Stelle um und verließ das Laboratorium mit den wütenden Worten: »Wenn ein englischer Mann der Wissenschaft in die USA käme, würden wir ihn anders behandeln!« Dabei war er eigentlich gekommen, um sich bei Maxwell zu beschweren. Dieser hatte zuvor eine Arbeit von Langley zur Durchsicht bekommen und dabei das aus ihr gestrichen, was Maxwell mehr wie eine »persönliche Gleichung« und weniger als Physik von allgemeinem Interesse vorgekommen war, auch wenn Langleys Herz offensichtlich daran gehangen hatte.

Der neue Blick ins Universum

Zu der Zeit, als Maxwell seine Gleichungen vorstellte, riskierten zwei deutsche Wissenschaftler in Heidelberg einen neuen Blick ins Weltall. Die Rede ist vom Chemiker Robert Wilhelm Bunsen und vom Physiker Gustav Robert Kirchhoff, die in benachbarten Laboratorien arbeiteten. Den Namen Bunsen kennt heute jeder, der im Chemieunterricht mit einem Bunsenbrenner hantiert hat. Neu dürfte vielen aber die Geschichte sein, dass die Frau eines Kollegen des freundlichen

Junggesellen Bunsen einmal gesagt haben soll, dass man, bevor man diesen Mann küsse, ihn erst einmal waschen müsse.

Kirchhoff und Bunsen konnten von ihren Fenstern aus über die Rheinebene bis nach Mannheim schauen, und als dort eines Nachts in den Industrieanlagen ein Feuer ausbrach, kamen sie auf die Idee, die Flammen mit einem Spektroskop zu untersuchen. Sie erkannten, dass in dem verbrennenden Material die chemischen Elemente Strontium und Barium enthalten sein mussten, die eine charakteristische Farbe in das Licht hineinbrachten. »Wenn wir sehen können, was in Mannheim brennt«, so Bunsen am nächsten Tag zu Kirchhoff, als die beiden den Philosophenweg entlangspazierten, »warum können wir dann nicht weiter blicken und auch sehen, was auf den Sternen brennt?« Und er fügte hinzu: »Oder meinst du, die Leute denken, wir sind verrückt, so nach den Sternen zu greifen?«

Tatsächlich hatten (positivistisch orientierte) Philosophen in jenen Tagen des 19. Jahrhunderts die scheinbar unabweisbare Überlegung vorgetragen, dass Menschen niemals (positiv) sagen könnten, woraus Sterne bestünden, da ja niemand zu ihnen hinfahren könne. Bunsen und Kirchhoff meinten nun, dass es reiche, aus dem Fenster zu schauen, um diese philosophische Ansicht zu widerlegen, was sie dann auch in den folgenden Monaten mit Hilfe der sogenannten Spektralanalyse unternahmen – ihr Befund sollte dann sogar das gesamte Weltbild beeinflussen. Was Bunsen und Kirchhoff nämlich ermittelten, lässt sich mit dem Satz zusammenfassen: »Am Himmel findet man dieselben Elemente wie auf Erden.« Damit wurde aus dem alten Kosmos das neue Universum, also eine Welt, die sich den Menschen als Einheit zeigt.

In der Antike hatte Aristoteles noch versucht, eine Art Duoversum zu errichten, in dem er die Sphären jenseits des Mondes von der Erde diesseits des Trabanten unterschied. Hier unten sollten physikalische Gesetze und dort oben göttliche Gebote gelten, eine Idee, die lange Bestand gehabt und ihre literarische Feststunde in Dantes *Göttlicher Komödie* hatte feiern können. Doch dann tauchte im frühen 17. Jahrhundert ein Astronom namens Johannes Kepler auf, der merkte, dass die Umlaufbahnen von Planeten keine Kreise, sondern Ellipsen darstellten, was nicht der damals gängigen Vorstellung göttlichen Handelns gegenüber der Schöpfung entsprach. Mit anderen Worten: Der Himmel konnte in seinen Augen nicht mehr transzendent – also mit überirdischen, jenseitigen Kräften – erklärt werden, sondern vielmehr immanent – also aus den irdischen Dingen mit diesseitigen Mechanismen. Kepler war sich dessen sehr sicher, ohne sogleich zu wissen, wie er dieses hohe Ziel erreichen konnte.

Gelungen ist dies dem Briten Isaac Newton, der im späten 17. Jahrhundert in seinem berühmten Buch mit dem Kurztitel *Principia Mathematica* die Gesetze der Bewegung aufstellte, die am Himmel – für die Planeten – und auf der Erde – für die dort fliegenden Gegenstände wie Kanonenkugeln und Steine – gelten. Das dazugehörige Licht war dem 24-jährigen Newton aufgegangen, als er 1666 in einem Garten bei der Ortschaft Woolsthorpe Manor saß und sowohl über das Sonnenlicht und seine Farben als auch über die Kräfte nachdachte, die im Kosmos wirken und den Lauf der himmlischen Dinge in Gang halten. Es ging also eigentlich um Kräfte, die auch dort wirkten, wo Newton saß, und dies wurde ihm eindrücklich klar, als vor seiner Nase ein Apfel vom Baum auf den Boden fiel. Newton kam blitzartig die Idee, dass dieser Boden und mit ihm die Erde den Apfel zu sich hergezogen hatte, und ihm wurde sofort klar, dass diese Kraft doch nicht an dem Zweig enden konnte, an dem der Apfel eben noch gehangen hatte. Die Kraft der Erde, die er später Schwerkraft bzw. Gravitation nennen sollte, musste in den Weltraum hineinreichen und vielleicht sogar den Mond und die Planeten umfassen.

Im Alter hat Newton einem Freund die Anekdote mit dem Apfel und ihre Folgen einmal so geschildert: »Weswegen fällt der Apfel immer senkrecht herunter, warum nicht zur Seite, und stets nach der Erdmitte?

Es muss eine Anziehungskraft in der Materie geben, welche im Erdinneren konzentriert ist. Wenn die Materie eine andere Materie so sehr anzieht, muss eine Proportionalität mit ihrer Masse bestehen. Deswegen zieht der Apfel die Erde genauso an wie die Erde den Apfel. Es muss deswegen eine Kraft geben, ähnlich der, welche wir Schwerkraft nennen, und die sich über das ganze Weltall ausbreitet.«

Was Newton bis zum Ende seines Lebens wurmte, drückte er dann so aus: »Ich habe noch nicht dahin gelangen können, aus den Erscheinungen den Grund dieser Eigenschaft der Schwere abzuleiten«, und er fügte diesem Bedauern den berühmten Satz hinzu: »Hypothesen erdenke ich nicht, es genügt, dass die Schwere existiere [...] und dass sie alle Bewegungen der Himmelskörper und des Meeres zu erklären im Stande sei.« Mit den Bewegungen des Meeres meinte Newton die Erscheinungen von Ebbe und Flut, die sich jetzt nach den von ihm dargelegten Gesetzen gut verstehen und sogar voraussagen ließen. Newton zeigte sich zufrieden, fühlte er doch in seinem Herzen, dass sich »die bewunderungswürdige Einrichtung der Sonne, der Planeten und Kometen [...] dem Ratschluss und der Herrschaft eines alles einsehenden und allmächtigen Wesens« verdankte, und der große Physiker empfand sein größtes Lebensglück in der Wissenschaft und ihren Gesetzen.

Newton hatte damit Keplers Problem einer irdischen Erklärung der himmlischen Bewegungen gelöst, wobei zuvor dem deutschen Astronomen die entscheidende Wende im abendländischen Denken – also die Zurückweisung einer göttlichen Wirkkraft für die planetaren Bewegungen – durch eine Berechnung der Marsbahn möglich geworden war, die er als Ellipse identifizieren konnte. Wer nun aber die scheinbar harmlose Frage stellt, woher Kepler die Daten hatte, die ihm diese alles entscheidende Korrektur erlaubten, kommt schnell in Teufels Küche. Das behaupten jedenfalls die beiden amerikanischen Autoren Joshua und Anne-Lee Gilder, die ein Buch mit dem Titel *Der Fall Kepler* geschrieben haben, das die potentiellen Leser mit dem Untertitel lockt: »Mord im Namen der Wissenschaft«. Gemeint sind damit Ereignisse um das Jahr 1600 herum, und neben Kepler steht der dänische Astronom Tycho Brahe im Mittelpunkt des Geschehens. Dieser hatte die genauesten Daten zur Marsbahn gesammelt und in Prag gelebt, ehe er plötzlich starb, nachdem Kepler zu ihm gestoßen war. Und während »die Mitglieder von Brahes Haushalt vor Trauer wie gelähmt waren und seine nächsten Angehörigen sich vor Gram verzehrten«, so beschreibt es das Ehepaar Gilder, »entwendete Kepler kurzerhand den Schatz, auf den er es seit seiner Ankunft in Prag abgesehen hatte.«

Kepler gab 1605 in einem Brief an den englischen Astronomen Christoph Heydon zu: »Ich leugne nicht, dass ich nach Tychos Tod infolge der Abwesenheit oder mangelnden Kenntnis der Erben mir die Sorge für die hinterlassenen Beobachtungen dreist sicherte und vielleicht anmaßend in Besitz nahm, entgegen dem Willen der Erben, jedoch auf das nicht missverständliche Geheiß des Kaisers«, der verständlicherweise keine Lust hatte, Brahe für seine Arbeit zweimal zu bezahlen – einmal zu seinen Lebzeiten durch sein Gehalt als Hofastronom, und dann nach seinem Tod für die Daten, die er in seinen Diensten gesammelt hatte. Zwar gab sich Kepler ohne Scheu als einen Menschen zu erkennen, der von einer »unglaublichen Liebe zu Ruhm, zu Anerkennung, Beliebtheit, Beifall der Menschen« erfüllt war, während er jedoch zugleich die ganze Zeit befürchtete, »er könne mit Recht Anstoß erregen oder von einem anderen verachtet werden«, wie er einmal in seiner *Selbstcharakteristik* schrieb. Aber ihm deshalb vorzuwerfen, er habe seinen dänischen Kollegen Brahe ermordet? Das schießt dann doch ziemlich über das Ziel hinaus.

Was die Ursache des unerwarteten Todes von Tycho Brahe angeht, so waren Historiker lange Zeit davon ausgegangen, dass der Astronom – wie es in zeitgenössischen Quellen heißt – an einem Blasenriss gestorben war, weil er es trotz heftigen Harndrangs nicht gewagt hatte, ein Bankett des Kaisers Rudolf zu verlassen und auszutreten. In den 1990er-Jahren konnte man allerdings bei der Öffnung von Brahes Grab in der Teynkirche in der Prager Altstadt ein Haar sicherstellen, das dem Astronomen gehört haben muss. In ihm konnten mit modernen Methoden neben Blei und Antimon auch Spuren von Quecksilber nachgewiesen werden, ein Element, das er kaum als Medikament eingenommen haben konnte. Wahrscheinlich hatte Brahe entweder alchemistische Experimente mit Quecksilber unternommen – wie sie später auch der große Newton noch durchgeführt hatte –, oder er hatte eine quecksilberhaltige Salbe gegen die Syphilis aufgetragen, wie damals üblich. Allein aus dem Vorhandensein des giftigen Schwermetalls in Brahes Haar aber auf Mordabsichten Keplers zu schließen, wäre extrem weit hergeholt.

Im Übrigen hatte es Kepler schwer genug im Leben. Seine erste Ehe mit einer Frau namens Barbara verlief unglücklich, da sich die Mutter seiner fünf Kinder, von denen nur zwei am Leben blieben, nur um ihre Gebetbücher kümmerte und ihren Gatten kaum an dem Vermögen teilhaben ließ, das sie als gut betuchte Frau mit in die Ehe gebracht hatte. Als Barbara 1612 starb, heiratete Kepler die 24-jährige Susanne, die ihm sieben Kinder schenkte, von denen drei das Kindesalter nicht überleben sollten. 1615 wurde es dann aber ganz düster für Kepler. Seine Mutter wurde der Hexerei angeklagt, da sie Heiltränke angeboten und Kräuterheilmittel hergestellt hatte, mit denen sie – Zauberformeln murmelnd – in ihrem Heimatdorf umhergeirrt war. Nur dank des Einflusses ihres angesehenen Sohnes, der sich damals immerhin »Kaiserlicher Mathematicus« nennen durfte, blieb ihr nach einem jahrelangen Prozess der Gang auf den Scheiterhaufen erspart, auf dem allein in Keplers Geburtsort Weil der Stadt 38 Frauen ihr Leben lassen mussten.

Gegen Ende seines Lebens verfasste Kepler seinen *Mondtraum*, in dem er eine imaginäre Reise zu dem Erdtrabanten schildert und eine geschwätzige Vettel auftreten lässt, die mit geheimen Ritualen Geister beschwört, um Dämonen dazu zu bewegen, die Reisenden auf den Mond zu bringen. Kepler musste sich infolgedessen gegen den Vorwurf verteidigen, mit der Hexe seine Mutter gemeint und etwas von ihr preisgegeben zu haben. Das sei hier aber nur im Vorübergehen erwähnt, denn etwas anderes ist wichtiger: Kurz vor dem Erscheinen der lateinisch *Somnium* betitelten Mondfahrtbeschreibung im Herbst 1630 brach Kepler plötzlich von zu Hause auf und ließ seine Familie mittellos zurück. Er hätte aber auch nicht viel zurücklassen können, da Kepler von seinem Dienstherrn, dem

Kaiser, kaum bezahlt worden war (und ihm auch der berühmte Herzog von Friedland und Sagan, ein Mann namens Albrecht von Wallenstein, noch die Honorare für eigens ausgearbeitete Horoskope schuldete). Der Astronom kämpfte sich bis nach Regensburg durch, wo er beim dort abgehaltenen Reichstag vom damals amtierenden Kaiser Ferdinand II. die rückständigen Beträge einfordern wollte. Doch er war zu geschwächt, um sich Gehör zu verschaffen. Kepler bekam Fieber, fiel ins Delirium und starb. Auf seinem Grabstein wollte er den Spruch eingraviert haben, den er selbst auf Lateinisch verfasst hatte und der auf Deutsch lautet: »Himmel hab ich vermessen, jetzt mess' ich die Schatten der Erde. War himmlisch erhoben der Geist, sinkt nieder des Körpers Schatten.« Ob Keplers Wunsch in Erfüllung gegangen ist, lässt sich nicht sagen, denn im 30-jährigen Krieg gruben schwedische Truppen den Friedhof um, um eine Verteidigungsanlage an seine Stelle zu setzen. Keplers Grab und Gebeine verschwanden dabei und sind bis heute nicht wiederaufgetaucht. Was bleibt, sind seine Werke und seine Einsichten in die Harmonie der Welt.

Heureka

Wenn abschließend zurück zu den Anfängen der Wissenschaft gegangen werden darf, landet man bei dem großen Archimedes, der in vorchristlichen Zeiten in Syrakus lebte und als ein vielseitiger Mann bekannt war. Eines Tages bat ihn sein König Hieron II. um Hilfe. Er hatte eine Krone aus Gold bestellt und bekommen, misstraute aber dem Hersteller und vermutete, dass zwar außen alles Gold war, der Schmied innen aber Blei hineingeschmuggelt hatte. Er fragte Archimedes nun, ob er den königlichen Verdacht belegen oder entkräften könne, ohne die Krone zu beschädigen.

Niemand weiß, welche Überlegungen der vor allem mit mathematischen Fähigkeiten gesegnete Archimedes im Laufe der Zeit anstellte. Bekannt ist nur die Geschichte, wie er eines Tages nackt durch die Straßen von Syrakus lief und »Heureka!« rief, mit dem Zusatz: »Ich hab's gefunden!« Die körperliche Nacktheit rührte daher, dass Archimedes aus einer Badewanne gesprungen war, die er beim Platznehmen zum Überlaufen gebracht hatte. Dabei war ihm zum einen aufgefallen, dass die Wassermenge, die er verdrängt hatte, dem Körpervolumen entsprach, das jetzt unter Wasser war, und zum anderen, dass die gleichen Größen – die Flüssigkeit und der feste Körper – unterschiedlich viel Gewicht auf eine Waage brachten. Wenn man – so seine Überlegung – die Krone und ein Stück Gold mit dem gleichen Gewicht in ein bis zum Rand gefülltes Gefäß eintauchen und in beiden Fällen gleich viel Wasser über den Rand laufen würde, dann wäre die Krone aus reinem Gold. Wenn nicht, dann …, ja dann hatte der Schmied gepfuscht. Leider muss der Ausgang an dieser Stelle offenbleiben, denn hier endet die vom römischen Architekten Vitruv überlieferte Geschichte.

Der Ausgang von Archimedes' Leben hingegen ist bekannt. Als die Römer seine Heimatstadt eroberten und die plündernden Soldaten ihn von dem Platz vertreiben wollten, auf dem er geometrische Figuren und mathematische Beweise in den Sand malte, wollte er von seiner Beschäftigung nicht ablassen. »Störe meine Kreise nicht«, rief Archimedes einem Soldaten zu, der daraufhin dafür sorgte, dass dies die letzten Worte des großen Mannes waren.

Der Hinweis auf Kreise – also auf nicht gradlinige und eher krumme Figuren – erlaubt den Schluss, dass sich Archimedes auf Berechnungen und Beweise konzentrierte, die eine mathematische Größe benötigten, die damals zum ersten Mal ins wissenschaftliche Spiel kam und im Laufe der folgenden Jahrtausende der modernen Welt ihre aktuelle Gestalt geben sollte – gemeint ist das Infinitesimale, das unendlich Kleine. Seit den Tagen von Newton erlaubt es den Physikern und Ingenieuren, die Bewegungen exakt zu berechnen, aus denen letztendlich alles hervorgeht, während es selbst verschwindet. So eine Rolle spielt die gesamte Wissenschaft selbst. Sie bringt alles hervor und zieht sich am Ende auf sich selbst zurück, um nicht weiter aufzufallen und den Lauf der Dinge zu stören. Eigentlich schade, wo es doch so viele schöne Geschichten von ihr zu erzählen gibt, fast so viele und oftmals so schöne wie in den Märchen aus 1001 Nacht.

Zu guter Letzt

Als die europäische Welt noch halbwegs in Ordnung war, im Jahre 1928, wartete der 16-jährige Carl Friedrich von Weizsäcker in Berlin auf seinen elf Jahre älteren Freund Werner Heisenberg, der auf dem Weg von Kopenhagen nach Leipzig war, um dort als Professor für Theoretische Physik tätig zu werden. Heisenberg musste in Berlin umsteigen und sogar den Bahnhof wechseln, und er hatte Carl Friedrich gebeten, ihn dabei zu begleiten, weil er große Neuigkeiten zu verkünden hatte. Im Taxi sagte Heisenberg dann ganz aufgeregt: »Ich glaube, ich habe Kant widerlegt.« Er sprach von seiner Idee der Unbestimmtheit, nach der Atome und Objekte ihrer Größenordnung weder über einen bestimmten Ort noch über eine bestimmte Geschwindigkeit verfügten, es sei denn, ihnen würden die dazugehörigen Quantitäten durch einen messenden Beobachter zugewiesen. Das Objekt wurde vom Subjekt bestimmt, das selbst unbestimmt existierte, solange seine Eigenschaften – wörtlich – nicht festgestellt, also nicht ermittelt und gemessen worden waren. Damit konnte die klassische Vorstellung von Kausalität nicht aufrechterhalten werden, sie musste vielmehr im Lichte der neuen physikalischen Erfahrung mit Atomen geändert werden – und genau das hatte Immanuel Kant in seinen erkenntnistheoretischen Schriften kategorisch ausgeschlossen, indem er in dem vertrauten Prinzip von Ursache und Wirkung »ein synthetisches Urteil a priori« gesehen hatte, das der Beschreibung von möglichen Erfahrungen diente und ihnen stets vorausgehen musste.

Die beiden jungen Männer im Taxi, der Teen von Weizsäcker und der Twen Heisenberg, wussten jetzt, dass die Kausalität komplizierter war und die Philosophen sich noch einmal an die Arbeit des Denkens machen mussten. Als sie den Bahnhof erreichten und Heisenberg zu seinem Zug nach Leipzig eilte, entschied sich von Weizsäcker dazu, noch nicht nach Hause, sondern in die Straße zu gehen, in der Einstein wohnte. Wenn der verehrte Mann das Haus verlassen würde, könnte der Junge ihm sagen, was er gerade von Heisenberg erfahren hatte. Doch der Vater der Relativitätstheorie hat sich nicht blicken lassen.

Schade, dass das nicht geklappt hat. So eine schöne Vorstellung: Ein Knabe in kurzen Hosen erklärt dem großen alten Mann mit dem wüsten Haar, dass der »Alleszermalmer«, wie Kant bereits im 18. Jahrhundert genannt wurde, und seine Gefolgsleute sich verschluckt und noch etwas zu kauen hatten. Tatsächlich, die Welt des Geistes war in Bewegung geraten, und die Wissenschaftler hatten daran Geschmack gefunden. An dieser lebendigen Situation hat sich seitdem nichts geändert. Die Menschen können sie immer noch genießen.

Kurzbiographien

Archimedes (287–212 v. Chr.) – geboren in Syrakus und auch dort gestorben. Archimedes kann man als Mathematiker, Physiker und Ingenieur der griechischen Antike bezeichnen, der unter anderem die Hebelgesetze formulierte, mit schwimmenden Körpern experimentierte, mathematische Beweise mit infinitesimalen Größen führte und Wurfmaschinen konstruierte, mit denen sich seine Heimatstadt gegen die römische Belagerung im Zweiten Punischen Krieg wehren konnte.

Seymour Benzer (1921–2007) – geboren in New York als Sohn jüdischer Immigranten aus Polen, gestorben in Pasadena (Kalifornien). Hatte erst Physik studiert und dabei geholfen, den Transistor zu konstruieren, ehe er in den 1950er-Jahren in die Molekulargenetik wechselte, die er nach deren Höhepunkten in den 1960er-Jahren gegen die Neurogenetik einer Fliege eintauschte. Er hoffte mit ihrer Hilfe, den Weg von den Genen zum Gehirn zu finden.

Niels Bohr (1885–1962) – geboren und gestorben in Kopenhagen. Berühmt für das 1913 vorgeschlagene Atommodell, mit dem man das Periodensystem der Elemente erstmals verstehen konnte (Nobelpreis 1922). Gründer des Instituts für Theoretische Physik in seiner Heimatstadt, das zum Treffpunkt der Physiker in den 1920er-Jahren wurde. Bohr erklärte viele Besonderheiten der Atome durch das Konzept der Komplementarität, bei dem sich widersprechende Ideen ergänzen und zusammengehören.

Ludwig Boltzmann (1844–1906) – geboren in Wien, gestorben (durch Selbstmord) in Duino, das damals zu Österreich-Ungarn gehörte. Boltzmann entwickelte als Theoretischer Physiker die Thermodynamik und Statistische Mechanik und überzeugte mit seinen Beiträgen zur kinetischen Gastheorie seine Kollegen von der realen Existenz der Atome. Als philosophischer Kopf blickte er über den Rand seiner Physik hinweg und bezeichnete das 19. Jahrhundert als die Zeit Darwins.

Max Born (1882–1970) – geboren in Breslau, gestorben in Göttingen. 1954 mit dem Nobelpreis für Physik ausgezeichnet, den er für seine (statistische) Deutung der neuen Atomphysik erhielt. War vielseitig als mathematischer und philosophischer Forscher tätig, an dessen Institut in Göttingen eine Art Elfenbeinturm die Anwesenden zu Höchstleistungen befähigte. Später kritische Töne, indem er den Flug zum Mond als Triumph des Verstandes und als Tragik der Vernunft bezeichnete.

Tycho Brahe (1546–1601) – geboren auf Schloss Knutstorp in Schweden, gestorben in Prag. Er war ein dänischer Adliger und Astronom, der 1572 einen neuen Stern am Himmel beobachtete und damit – im heutigen Verständnis – eine Supernova registrieren konnte. 1576 konnte er auf einer Öresundinsel den Grundstein zu einer der berühmtesten Sternwarten legen, die er nach der Urania Uraniborg nannte. Genauere Messungen als Brahe hat niemand ohne Fernrohr machen können.

Sydney Brenner (1927–2019) – geboren als Sohn jüdischer Emigranten in Südafrika, gestorben in Singapur. Promovierte in den 1950er-Jahren in Oxford und wurde dann Molekularbiologe in Cambridge. 2002 erhielt er den Nobelpreis für Medizin für seine Arbeiten »zur genetischen Regulation der Organentwicklung und des programmierten Zelltodes«. Brenner arbeitete und lebte zum Ende seines Lebens in Kalifornien und genoss unter seinen Kollegen höchste Anerkennung, da sie ihm viele grundlegende Ideen verdankten.

Robert Wilhelm Bunsen (1811–1899) – geboren in Göttingen, gestorben in Heidelberg. Berühmt durch seinen Bunsenbrenner, der die herrlichen Flammenproben ermöglicht, mit denen sich dann dank einer Spektralanalyse die elementare Zusammensetzung des verbrennenden Stoffes ermitteln lässt. »Als Forscher war er großartig, als Lehrer sogar noch großartiger, als Mensch und Freund war er der Größte«, hieß es nach seinem Tod.

Erwin Chargaff (1905–2002) – geboren in Czernowitz in der Bukowina, gestorben in New York. Österreichisch-amerikanischer Biochemiker, der die sogenannten Chargaff-Regeln aufstellte, die zum Aufbau der Gene gehören und Hinweise auf ihre Struktur als Doppelhelix geben. Im Alter ein verbitterter Kritiker der neuen Biologie, deren Betreiber er mehr gierig als neugierig agieren sah. Er betrachtete die Molekularbiologen als Biochemiker ohne Lizenz.

Francis Crick (1916–2004) – geboren im britischen Northampton, gestorben im kalifornischen San Diego. Crick gilt als der eigentliche Kopf hinter der rasanten Entwicklung, die die Molekularbiologie in den 1950er- und 1960er-Jahren nahm. Er gehört zu den Miterfindern der Doppelhelix, lieferte wesentliche Beiträge zum Verständnis der Proteinsynthese und half, den genetischen Code zu entschlüsseln. In seinen späten Jahren beschäftigte er sich mit der Neurobiologie.

Charles Darwin (1809–1882) – geboren in Shrewsbury, gestorben in Down, beides Orte in England. Darwin legte 1859 sein Hauptwerk über den *Ursprung der Arten* vor, worin er beschreibt, wie die Vielfalt der Lebensformen im Laufe einer Evolution zustande kommt, bei der eine natürliche Selektion von Mutanten oder Varianten vorgenommen wird. Darwin erklärte in einem späteren Werk auch die Herkunft der Menschen, zu der neben der natürlichen auch eine sexuelle Selektion beiträgt.

Max Delbrück (1906–1981) – geboren in Berlin, gestorben in Pasadena (Kalifornien). Nach dem Studium der Physik wechselte er in die Biologie, um der Natur des Gens auf die Spur zu kommen. Delbrück ging 1937 in die USA und begründete hier in den 1930/1940er-Jahren die Genetik von Bakterien und Viren. Er wurde zum Wegbereiter der Molekularbiologie, die nach dem Zweiten Weltkrieg in den Startlöchern stand und bis heute das Verständnis des Lebendigen bestimmt. 1969 erhielt er den Nobelpreis.

Paul Dirac (1902–1984) – geboren in Bristol, gestorben in Tallahassee (Florida). Wesentliche Beiträge zur Quantenmechanik, etwa durch die Dirac-Gleichung von 1928, die die Physik auf die Spur der Antimaterie brachte (Nobelpreis 1933). Dirac schrieb 1930 ein Lehrbuch mit dem Titel *Die Prinzipien der Quantenmechanik* und hielt die Schönheit einer Theorie für wichtiger als ihren Wahrheitsgehalt. Er bekleidete eine Professur in Cambridge, bevor er sich nach Florida zurückzog.

Albert Einstein (1879–1955) – geboren im schwäbischen Ulm, gestorben im amerikanischen Princeton. Der Superstar der Physik, der im »Wunderjahr« 1905 seine Disziplin runderneuerte und ihr eine Relativitätstheorie und besondere Einsichten in die Natur des Lichts schenkte, für die ihm der Nobelpreis für Physik verliehen wurde. Im Ersten Weltkrieg kam Einstein nach Berlin, nach 1933 emigrierte er in die USA, wo er den Präsidenten vor einer deutschen Atombombe warnte.

Michael Faraday (1791–1867) – geboren in Newington (Surrey), gestorben in Hampton Court Green (Middlesex). Fing als einfacher Buchbinder an, um sich zu einem großen Forscher zu entwickeln, der stets an »Gottes unsichtbares Wesen« glaubte und den Menschen und vor allem den Kindern Weihnachtsvorlesungen schenkte. Seine berühmteste behandelt *Die Naturgeschichte einer Kerze* und ist immer noch als Buch erhältlich. Er glaubte fest an eine Einheit der physikalischen Phänomene.

Georg Gamow (1904–1968) – geboren in Odessa (Ukraine), gestorben in Boulder (Colorado). Vor der Flucht in den Westen Professor in Leningrad. Phantasievolle Beiträge zur Physik – Tunneleffekt, kosmische Hintergrundstrahlung – und Biologie – Vorschläge zum genetischen Code und Gründung eines »RNA Tie Club«. Autor zahlreicher Sachbücher wie *Eins, Zwei, Drei ... Unendlichkeit* und eines historischen Werks *Thirty Years that shook physics.* Liebte Schabernack.

Kurt Gödel (1906–1978) – geboren in Brünn, gestorben in Princeton (New Jersey). Gehört zu den großen Logikern des 20. Jahrhunderts und ist mit seinem Satz von der Unvollständigkeit der Mathematik unsterblich geworden. Seine Arbeit von 1931 handelt von »formal ununterscheidbaren Sätzen«. Gödel entdeckte sogar, dass die amerikanische Verfassung unvollständig ist, weil es trotz ihres Bekenntnisses zur Demokratie logisch möglich ist, mit ihr eine Diktatur zu errichten.

Otto Hahn (1879–1968) – geboren in Frankfurt am Main, gestorben in Göttingen. Hahn wies nach Vorarbeiten von Lise Meitner gemeinsam mit Fritz Straßmann nach, dass Uran durch Beschuss mit Neutronen gespalten und Kernenergie freigesetzt werden kann. Hahn gilt als »Vater der Kernchemie« und wurde 1944 mit dem Nobelpreis für sein Fach ausgezeichnet – allerdings ohne Lise Meitner, die großen Anteil an der weltbewegenden Beobachtung hatte und sie sogar erklären konnte.

Werner Heisenberg (1901–1976) – geboren in Würzburg, gestorben in München. Heisenberg war 1925 in einer Nacht auf Helgoland der erste entscheidende Durchbruch zu einer Theorie der Atome gelungen (Nobelpreis 1933) und er konnte 1927 die Idee der Unbestimmtheit vorstellen, der zufolge die Eigenschaften von Objekten atomarer Größenordnung erst dadurch bestimmt werden, dass sie gemessen werden. Die Bahn eines Elektrons gibt es tatsächlich nur, wenn Menschen sie beschreiben.

Walter Heitler (1904–1981) – geboren in Karlsruhe, gestorben in Zürich. War viele Jahre als Professor an der Universität München tätig. Zusammen mit Fritz London legte er 1927 eine Erklärung für die Bindung vor, die aus zwei Wasserstoffatomen ein Wasserstoffmolekül macht. Damit hatte die Wissenschaft eine Grundlage für die Valenzstruktur von Molekülen, aus der die Quantenchemie erwachsen ist. Heitler stand fest im christlichen Glauben und schrieb über *Die Natur und das Göttliche.*

David Hilbert (1862–1943) – geboren in Königsberg, gestorben in Göttingen. Hilbert war verantwortlich für die Glanzzeit der Göttinger Mathematik und strebte eine vollständige Axiomatisierung seiner Disziplin an. Beim internationalen Mathematikerkongress des Jahres 1900 in Paris formulierte Hilbert seine berühmten 23 Probleme, vor die die künftige Generation von Mathematikern gestellt sei und nach deren Lösung völlige Klarheit auf diesem Gebiet herrschen würde.

Alexander von Humboldt (1769–1859) – geboren und gestorben in Berlin, Bruder von Wilhelm von Humboldt. Viele Forschungsreisen nach Südamerika und bis nach Zentralasien, gefeiert als Vordenker einer globalen Wissenschaft und als Verfechter der Freiheit des Menschen. Ab 1845 legte er sein zuletzt fünfbändiges Werk über den *Kosmos* vor, in dem das Naturerlebnis mit der Naturwissenschaft zusammengeführt und der Dreiklang aus Wissenschaft, Kunst und Humanität beschworen wird.

François Jacob (1920–2013) – geboren in Nancy, gestorben in Paris. Französischer Mediziner und Molekularbiologe, der 1965 mit dem Nobelpreis für seine Beiträge zum Verständnis der genetischen Regulation ausgezeichnet worden ist. Jacob trat auch als Autor hervor, etwa mit seiner *Logik des Lebendigen* und seiner Autobiographie *Die innere Statue*, in der er erzählt, wie jemand durch die Wissenschaft zu sich selbst finden und auf den rechten Lebensweg gebracht werden kann.

Carl Gustav Jung (1875–1961) – geboren in Kesswil, gestorben in Küsnacht, beides in der Schweiz. Jung heiratete eine wohlhabende Frau, was ihm viel Forscherfreiheit verschaffte, die er nutzte, um die Analytische Psychologie zu begründen. Auf ihn geht das Konzept eines kollektiven Unbewussten zurück, wobei ihn vor allem interessierte, wie »Bewusstsein, Unbewusstes und Individuation« zusammenhängen. 1931 lernte er Wolfgang Pauli kennen, dessen Träume er zu deuten versuchte.

Johannes Kepler (1571–1630) – geboren in Weil der Stadt, gestorben in Regensburg. Kepler fand drei Gesetze der Planetenbewegung und fragte sich, wie man sie erklären kann. Sosehr er Wissenschaft als Gottesdienst betrieb, so klar war ihm, dass die Bibel kein Physikbuch ist. Was sich am Himmel abspielte, musste immanent erklärt werden, aus der Sache heraus, nicht transzendent, von den Göttern her. Sein Hauptwerk beschreibt die *Harmonice mundi* und erschien 1619.

Gustav Robert Kirchhoff (1824–1887) – geboren in Königsberg, gestorben in Berlin. Er war ein deutscher Physiker, der sich vor allem bei der Erforschung der Elektrizität hervortat und versuchte, die Energie des farbigen Lichts zu verstehen, das von einem schwarzen Körper ausgestrahlt wird und dem kirchhoffschen Strahlengesetz folgt. Berühmt geworden ist seine mit Robert Bunsen gemeinsam durchgeführte »Chemische Analyse durch Spektralbeobachtungen«.

Salvador Edward Luria (1912–1991) – geboren in Turin, gestorben in Lexington (Massachusetts). Erhielt zusammen mit Max Delbrück den Nobelpreis für Medizin für seine »Entdeckungen des Vermehrungsmechanismus und der genetischen Struktur von Viren«. Luria war seit 1959 Professor für Mikrobiologie am Massachusetts Institute of Technology (MIT) in Boston, engagierte sich gegen Kernwaffentests und sprach sich gegen den Vietnamkrieg aus.

Ernst Mach (1838–1916) – geboren in Chirlitz bei Brünn, gestorben in München, gelebt in Wien. Mach betätigte sich als Physiker, Philosoph und Physiologe und begründete als Theoretiker der Wissenschaft deren Geschichtsschreibung. Sein berühmtes Werk *Die Mechanik in ihrer Entwicklung* von 1883 sollte Einstein beeinflussen. Mach liebte es, Kollegen zu fragen: »Haben Sie schon einmal ein Atom gesehen?«, weil er selbst gegenüber solchen Konstruktionen skeptisch blieb.

James Clerk Maxwell (1831–1879) – geboren in Edinburgh, gestorben in Cambridge. Konnte die Grundlagen der Elektrodynamik in vier Maxwell-Gleichungen errichten, mit ihnen das Licht als elektromagnetische Welle deuten und seine Geschwindigkeit bestimmen. Er lieferte auch fundamentale Beiträge zu einer kinetischen Theorie der Gase und veröffentlichte 1861 eine erste Farbfotografie. Sein Maxwell-Dämon, ein von ihm entwickeltes Gedankenexperiment, sollte die Gültigkeit physikalischer Gesetze testen.

Lise Meitner (1878–1968) – geboren in Wien, gestorben im britischen Cambridge. Meitner ist die wohl bedeutendste österreichische Kernphysikerin, die im Winter 1938/1939 die erste theoretisch-physikalische Erklärung der Kernspaltung geben konnte, die Otto Hahn nach ihren Vorarbeiten in Berlin nachweisen konnte. Sie arbeitete zusammen mit Hahn im Kaiser-Wilhelm-Institut für Chemie über radioaktive Stoffe, bis sie nach dem Anschluss Österreichs an das Deutsche Reich Deutschland verlassen musste.

Thomas Hunt Morgan (1866–1945) – geboren in Lexington (Kentucky), gestorben in Pasadena (Kalifornien). Zoologe und Genetiker, der die Fruchtfliege Drosophila in die Vererbungsforschung einführte, dabei half, die erste Genkarte eines Organismus anzufertigen und 1933 mit dem Nobelpreis für Medizin ausgezeichnet wurde. Morgan richtete das ein, was Historiker den »Fliegenraum« nennen, in dem die Grundlagen der modernen Genetik entstanden.

Walther Nernst (1864–1941) – geboren in Briesen (Westpreußen), gestorben in Zibelle (Oberlausitz). Deutscher Chemiker, der 1920 mit dem Nobelpreis für sein Fach ausgezeichnet wurde und auch zur Physik beitragen konnte. Als Professor in Berlin formulierte er einen (dritten) Hauptsatz der Wärmelehre, der besagt, dass es ausgeschlossen ist, den absoluten Nullpunkt zu erreichen. War zur Zeit des Ersten Weltkriegs kampfbegeistert und zur Kriegsforschung bereit.

Isaac Newton (1643–1727) – geboren in einem Dorf in der Grafschaft Lincolnshire, gestorben in Kensington. Legte 1687 ein Werk mit dem Titel *Philosophia Naturalis Principia Mathematica* vor, in dem er ein universelles Gravitationsgesetz vorstellt und die Grundlagen für das Weltbild legt, das als »Newtons Uhrwerk« die gesamte Kultur beeinflussen sollte. Zu Beginn des 18. Jahrhunderts zerlegte er das Licht und schrieb eine Optik mit einer Farbenlehre, die Goethe ablehnte.

Wolfgang Pauli (1900–1958) – geboren in Wien, gestorben in Zürich. Galt als Wunderkind, das vor seinem 20. Geburtstag über Relativitätstheorie publizierte. 1945 wurde er für seine Beiträge zur Atomphysik mit dem Nobelpreis ausgezeichnet. Pauli hielt die Nachtseite der Wissenschaft für wichtig, die sich in den Träumen von Menschen zeigen würde, und er machte sich viele Gedanken über archetypische Hintergründe seiner Wissenschaft, die er in ihrer Geschichte zu finden hoffte.

Max Planck (1858–1947) – geboren in Kiel, gestorben in Göttingen. Der Physiker, der die Quantensprünge in die Welt der Wissenschaft einführte und 1918 mit dem Nobelpreis für sein Fach geehrt wurde. Planck griff zu seinem Quantum der Wirkung in einem Akt der Verzweiflung und hoffte, es würde sich irgendwann wieder abschaffen lassen. Neben den Quanten machte er eine zweite Entdeckung: Als Erster erkannte er die Größe Einsteins und holte ihn nach Berlin.

Bernhard Riemann (1826–1866) – geboren in Breselenz an der Elbe, gestorben in Selasca am Lago Maggiore. Riemann trug zu vielen Gebieten der Mathematik bei, und sein Name lebt in seiner riemannschen Geometrie oder seinem Riemann-Integral fort. Was die Geometrie angeht, so bereitete er in einer Vorlesung aus dem Jahre 1854 über die »Hypothesen, welche der Geometrie zugrunde liegen« dem Denken den Weg, mit dem Einstein die Raumzeit erfasste.

Ernest Rutherford (1871–1937) – geboren in Spring Grove bei Nelson (Neuseeland), gestorben in Cambridge (England). Berühmt für sein Modell, das 1911 das Atom wie den Saturn darstellte und mit dem der Atomkern in die Wissenschaft kam. Rutherford meinte, es gebe nur Physik oder Briefmarkensammeln, weshalb es ihn wahrscheinlich ärgerte, als er 1908 mit dem Nobelpreis für Chemie ausgezeichnet wurde. Er hat nie an den Nutzen der Kernenergie geglaubt.

Erwin Schrödinger (1887–1961) – geboren und gestorben in Wien, wenn auch in verschiedenen Stadtteilen. Professuren in Berlin und Zürich. 1926 stellte er seine Schrödingergleichung auf, die wohl am meisten angewendete Formel seiner Wissenschaft (1933 Nobelpreis für Physik), 1935 machte er das Gedankenexperiment zu Schrödingers Katze, 1944 erschien sein Buch *Was ist Leben?*, das er im Exil in Dublin geschrieben hat. Arbeiten zu vielen Themen der Physik, nicht zuletzt zu den Farben.

Arnold Sommerfeld (1868–1951) – geboren in Königsberg, gestorben in München. Wurde 1906 Professor für Theoretische Physik an der Universität München, wo er ein bedeutendes Zentrum für seine Wissenschaft aufbaute. Sommerfeld wurde mehr als 80-mal für den Nobelpreis vorgeschlagen, ohne ihn zu erhalten. Ihm wurde bescheinigt, in seinen Vorlesungen die Geister seiner Zuhörer zu veredeln. 1919 erschien sein großes Werk über *Atombau und Spektrallinien.*

James Dewey Watson (*1928) – geboren in Chicago, lebt auf Long Island bei New York. Watson durchlief fünf Karrieren – als Forscher stellte er die Doppelhelix vor, als Lehrer schrieb er das erste Lehrbuch zur *Molekularbiologie des Gens*, als Autor verfasste er den Best- und Longseller *Die Doppelhelix* und als Manager verschaffte er dem Laboratorium in Cold Spring Harbor einen Spitzenplatz in der Forschung. Außerdem brachte er als Wissenschaftspolitiker das Humane Genomprojekt mit auf den Weg.

Lektüretipps

Berry, Adrian: Harrap's Book of Scientific Anecdotes. London 1989.
Blumenberg, Hans: Die Sorge geht über den Fluß. Frankfurt am Main 1987.
Boltzmann, Ludwig: Populäre Schriften. Braunschweig 1979.
Brenner, Sydney: My Life in Science. London 2001.
Brookes, Martin: Drosophila. Die Erfolgsgeschichte der Fruchtfliege. Reinbek 2002.
Bührke, Thomas: Newtons Apfel. Sternstunden der Physik von Galilei bis Lise Meitner. München 1997.
Calaprice, Alice (Hrsg.): Einstein sagt. München 1997.
Crick, Francis: What Mad Pursuit. A personal View of Scientific Discovery. New York 1988.
Ehlers, Anita: Liebes Hertz! Physiker und Mathematiker in Anekdoten. Basel 1994.
Einstein, Albert: Mein Weltbild. Berlin 1962.
– / Born, Max: Briefwechsel 1916–1955. München 1969.
Faraday, Michael: The Chemical History of a Candle. Oxford 2011.
Farmelo, Graham: Der seltsamste Mensch. Das verborgene Leben des Quantengenies Paul Dirac. Heidelberg 2016.
Feynman, Richard P.: Surely You're Joking, Mr. Feynman! New York 1985.
Fischer, Ernst Peter: Max Delbrück. Wegbereiter der Molekularbiologie. Konstanz 1985.

– Aristoteles, Einstein & Co. München 1995.
– Einstein für die Westentasche. München 2005.
– Schrödingers Katze auf dem Mandelbrotbaum. München [3]2006.
– Der Physiker. Max Planck und das Zerfallen der Welt. München 2007.
– Niels Bohr. Physiker und Philosoph des Atomzeitalters. München 2012.
– Brücken zum Kosmos. Wolfgang Pauli zwischen Kernphysik und Weltharmonie. Konstanz 2014.
– Werner Heisenberg. Ein Wanderer zwischen zwei Welten. Heidelberg 2015.

Fox Keller, Evelyn: A Feeling for the Organism. The Life and Work of Barbara McClintock. San Francisco 1983.

Gilder, Joshua und Ann-Lee: Der Fall Kepler. Mord im Namen der Wissenschaft. Berlin 2005.

Goddard, Peter (Hrsg.): Paul Dirac. The Man and his Work. Cambridge 1998.

Gratzer, Walter: Eurekas and Euphorias. Oxford 2002.

Gribbin, John und Mary: Richard Feynman. Die Biographie eines Genies. München 2000.

Heisenberg, Werner: Der Teil und das Ganze. München 1969.

Jacob, François: Die innere Statue. Zürich 1988.

Judson, Horace F.: The Eighth Day of Creation. New York 1979.

Jungk, Robert: Heller als Tausend Sonnen. Das Schicksal der Atomforscher. Bern und Stuttgart 1963.

Laugwitz, Detlef: Bernhard Riemann 1826–1866. Basel 1996.

Medawar, Jean / Pyke, David: Hitler's Gift. New York 2001.
Meyenn, Karl von [u. a.] (Hrsg.): Niels Bohr. Der Kopenhagener Geist in der Physik. Braunschweig 1985.
Miller, Arthur I.: 137. C. G. Jung, Wolfgang Pauli und die Suche nach der kosmischen Zahl. München 2009.
Regis, Ed: Who got Einstein's Office? Eccentricity and Genius at the Institute for Advanced Studies. New York 1988.
Sabbagh, Karl: Dr. Riemann's Zeros. London 2002.
Segré, Gino: Faust in Copenhagen. The Struggle for the Soul of Physics and the Birth of the Nuclear Age. London 2007.
Smith, Logan Pearsall: Unforgotten Years. London 1938.
Watson, James D.: Die Doppelhelix. Reinbek 1968.
Weiner, Jonathan: Time, Love, Memory. A Great Scientist and His Quest for the Origins of Behavior. New York 1999.
Wulf, Andrea: Alexander von Humboldt und die Erfindung der Natur. München 2016.

Abbildungsverzeichnis